環境教育学の基礎理論
● 再評価と新機軸

今村光章 編
Mitsuyuki Imamura

井上有一・降旗信一・高橋正弘・田中治彦・荻原 彰・飯沼慶一
諏訪哲郎・原田信之・西村仁志・小栗有子・佐藤真久

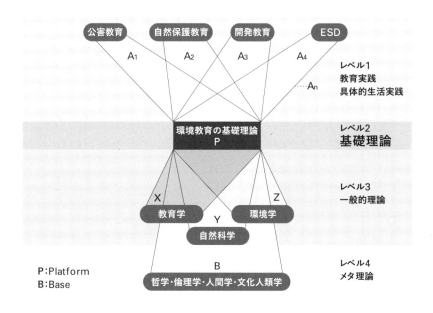

P:Platform
B:Base

Basic Theories on
Environmental Education

法律文化社

　　　　　　は　じ　め　に

　環境問題の深刻化と広域化を背景にして、1970年代に環境教育と呼ばれる取り組みがなされるようになって以来、もうすぐ半世紀を迎える。いまでは、環境教育の営みは私たちの生活にしっかりと定着し、教育実践の一部門であると広く認識されている。
　日本の環境教育は自然保護教育や公害教育に源流を有し、学校をはじめ様々な団体や、地域社会、家庭にも広がり、多種多様な営みが盛んに展開されている。日本ばかりではない。環境教育はいまや地球の隅々にまで広がっている。国境を超えた国際的な取り組みも数多い。
　ところが、詳細については本文にゆだねるが、日本において、環境教育実践を支える理論的かつ学問的な基盤はまだまだ脆弱である。こうした状況に鑑み、環境教育を学として位置づけるために、その基礎理論を検討することが本書を刊行する狙いである。
　「環境教育学」を構築するための書物の出版の試みは本書が初めてではない。井上有一と今村光章は、2012年に日本で初めて『環境教育学』（法律文化社）と題された書物を編集して上梓した。この書では、環境教育学が脆弱であるという問題提起を試み、学理論構築の作業を野心的に開始しようとした。幸運にも、環境教育の学としての整備の必要性を訴えた問題提起が受け入れられたためか、きわめて限定的であるとはいえ、一定の役割を果たしたと受け止めている。
　しかしながら、この著作では主題化されなかった環境教育に関する重要なテーマが山積していた。しかも、議論の深化が不十分であった点が多々ある。そこで、本書では前著の反省を生かして、環境教育学の学理論についてさらに本格的に検討したいと考えた。そのため、本書では前著の限界を超えるために、長らく環境教育の研究に取り組んできた研究者らの論考を読者の皆様にお届けする。

さて、本書を刊行する背景には、環境教育の学理論を構築しようとする書籍が続々と出版されているという事実がある。

たとえば、日本環境教育学会は、2012年に環境教育の教科書というべき『環境教育』(教育出版)を出版した。また、同学会は2013年に『環境教育辞典』(教育出版)を出版し、用語や事例の整理を通じて環境教育の学問的基盤を整えた。同年には、環境教育の黎明期からその発展に尽力した岩田好宏が『環境教育とは何か』(緑風出版)を刊行し、環境教育の本質を問い始めている。

日本環境教育学会の元学会長の鈴木善次も、2014年に『環境教育学原論』(東京大学出版会)を刊行し、学問的基盤の形成に大いに寄与している。学理論は扱ってはいないものの、2015年には同じく元学会長の小澤紀美子の編集で『持続可能な社会を創る環境教育論』(東海大学出版部)も出された。

出版物ばかりではない。長らく環境教育の発展を支えてきた日本環境教育学会でも環境教育学の構築が目指されている。環境教育学に関する論文も数多く執筆されるようになった。このように、環境教育の学理論形成は焦眉の現代的課題となっており、いまやその機運が高まりつつある。こうした追い風を受け、本書では環境教育学の基礎理論の構築の歩みをさらに進めたい。

ところで、編者から各章の執筆者には、できる限り平易で読みやすい論考をご執筆いただくようにお願いした。その理由は、環境教育の実践者や研究者ばかりではなく、多くの読者にもお読みいただいて環境教育の裾野を広げるためである。たとえば、環境教育にはさほど興味はないが、環境問題に関心を寄せているかた、あるいは、環境教育それ自体には直接かかわりがないが、教育に関係があるかたや教育関係に造詣の深いかた、大変失礼ながら、そういった環境教育の「二周り外」「三周り外」の読者にも興味関心を抱いていただくために、平易な表記を心がけた。難解な内容を易しく記述することは困難なので、どこまでそれが実現できたかわからない。だが、私たちが、環境教育の専門家以外のかたにも本書を手に取っていただけることを切望していることをお伝えしたい。

加えて、編者からは、用心深く隙のない綿密な「学術論文」ではなく、これまで長年にわたって環境教育の研究と実践に携わった経験を踏まえて、自由闊

はじめに

達に筆を運んでいただくようにお願いした。注記をできる限り減らしていただくようにもお願いした。その理由は、執筆者ご自身の言葉で、なるべく率直な表現をしていただくことで、今後の議論が活性化することを期待したからである。学理論であるからといって難解でなければいけないわけではない。一般に広く、環境や環境問題、環境教育を省察する手がかりになればと願っているために、学術論文とは趣を異にする部分もあることをご理解いただきたい。

最後にもうひとつお断りしておかなければならないのは、本書では、体系化と総合化、および隣接領域との明確な差異化を目指していないという点である。もとより、標準的な学理論の構築を拒むほどに環境教育の領域は広大で深遠である。そのため、本書の章の配列は恣意的であり、しかも環境教育学すべてを網羅しているとは言い難い。その点については編者の力量不足が原因であり、ご寛恕を乞うほかない。

しかし、環境教育学の学問的性格と同様に、本書の全13章はゆるやかな連関をもちながら底流で密接に関連している。また、全体としてあいまいな輪郭も持ち合わせている。そのため他の学問や教育実践との境界もおぼろげながら垣間見える。その連関を読者の皆様で発見していただくとともに、全体の輪郭をご自身の目で確認していただきたいと考えている。したがって、関心をもたれたどの章からでもお読みいただくことができる。もちろん、お時間のない場合は興味のある章だけを読んでいただいてもいいだろう。だが、全体を通読されれば、きっと環境教育学の輪郭が見えてくるだろう。

また、編者があらかじめ各章の要約や紹介をしたり、最終章で解説や各章の関連付けをしたりはしていない。余計な先入観を与えることを避けるためであり、主観的な関連づけで読者の読み方を限定しないためである。各章の論考をたっぷりと味わっていただきたいと願う。

本書が、環境教育学の基礎理論構築に向けて、さらなる一歩を踏み出すものになると信じたい。読者の皆様のご批判・ご叱正を乞う次第である。

編　者

目　次

はじめに

第1章　環境教育学の基礎理論構想のための予備的考察
────────今村　光章　1

1　環境教育学の構築を目指す理由　1
2　環境教育学の構築を目指す際に留意すべき点　5
3　環境教育研究・環境教育論と環境教育学との差異について　9
4　環境教育学とは何か　13

第2章　「環境教育のプラットフォーム」というアイディア
────────井上　有一　17

1　環境教育学に求められるもの　17
2　ディープ・エコロジー運動　19
3　「環境教育のエプロン・ダイアグラム」というアイディア　22
4　プラットフォームには何が位置づけられるのか　25
5　「環境教育のプラットフォーム」の構成要素を考える　28
6　「環境教育のプラットフォーム」から環境教育学を拓く　30

第3章　自然保護教育と環境教育の連続・非連続問題から環境教育学を考える ────────降旗　信一　34

1　連続・非連続問題とは何か　34
2　自然保護教育研究の到達点　37
3　問1の検討　41
　　──自然保護教育を特徴づけるもの、そして公害教育との関係性
4　問2の検討　46

　　　　──「自然保護教育の歴史」は,「日本独自の環境教育の歴史」と
　　　　言えるのか？　あるいは言えないのか？
　　5　環境教育学とは何か　48

第4章　環境教育の礎としての公害教育 ─── 高橋　正弘　51

　　1　公害教育誕生の契機となる公害問題　51
　　2　公害教育が果たした役割　53
　　3　公害教育が制度化されたことの意義　57
　　4　放射線教育の誕生と展開　61
　　5　環境教育学とは何か　63
　　　　──「よそ者」による公害教育の可能性

第5章　開発教育の視点から環境教育学を構想する
　　　　　　　　　　　　　　─────── 田中　治彦　68

　　1　これからの地球社会　68
　　2　開発教育と環境教育との関係性　73
　　3　環境教育と開発教育の独自性　75
　　4　様々な開発論と環境教育　78
　　5　開発論を内包した環境教育学の可能性　81

第6章　学校における環境教育学の構想 ─── 荻原　彰　84

　　1　近代学校制度の使命と宿痾　84
　　2　環境教育にできること　87
　　　　──知のはしごをたばねる
　　3　環境教育にできること　93
　　　　──社会関係資本の再生
　　4　環境教育学とは何か　98
　　　　──暗黙知と形式知の往還という視点

第7章 小学校教育現場から環境教育を再考する ─────── 飯沼 慶一 101

1 小学校低学年児童の「自然体験」と教師の役割　101
2 プログラム型学習とプロジェクト型学習　106
3 プログラム型からプロジェクト型環境教育への移行私案　109
4 環境教育学の今後に向けて　113

第8章 環境教育の教科化の是非を問う ─── 諏訪 哲郎 115

1 問題の所在　115
2 日本の学校での環境教育の分散指導と韓国の教科化指導　117
3 環境教育の教科化の必要性と可能性　122
4 環境教育の教科化に向けた準備　127
5 環境教育の教科化と環境教育学　129

第9章 ドイツにおける環境教育の光と影 ── 原田 信之 132
　　　　──PISAショック後の重点シフト

1 先細る「環境教育」の学術書　132
2 20世紀の環境教育　133
3 PISAショック後のドイツの学校教育　138
4 コンピテンシー構築志向型教育下におけるESD（環境教育）　141
5 「環境教育学」とは何か　146

第10章 環境教育学におけるソーシャル・イノベーションの視点 ─────── 西村 仁志 149

1 環境教育と環境問題　149
2 ソーシャル・イノベーションとは　150
3 自然学校の教育実践を手がかりに　154
4 環境教育のゴールとしてのソーシャル・イノベーション　160

5　ソーシャル・イノベーションと環境教育学　161

第11章　「地域」の視点からの環境教育学を構想する
　　　　　　　　　　　　　　　　　　　　　　　　　　小栗　有子　164

　　　1　環境教育〈学理論〉の範疇に置く基本問題　164
　　　2　環境教育論と環境問題が出合う新しい地平　168
　　　3　環境教育〈学理論〉を構想するための「地域」概念　173
　　　4　環境教育学とは何か　177

第12章　自己変容と社会変容の学びの連関　── 佐藤　真久　181
　　　　　──協働ガバナンスと社会的学習の相互連関に向けて

　　　1　グローバル化時代の環境教育　181
　　　2　持続可能な開発のための教育（ESD）　183
　　　3　多義性と能力結合に基づく「統合的な行動アプローチ」　185
　　　4　地域協働を通した「協働ガバナンス」と「社会的学習」の
　　　　相互連関　187
　　　5　環境教育学とは何か　191

第13章　生きる環境教育学　──────── 今村　光章　196
　　　　　──深化し越境し変貌する可能性を求めて

　　　1　環境教育における反省的省察の可能性　196
　　　2　私の環境教育研究史の反省　199
　　　3　環境教育学の新たなる境界域　204
　　　4　教育実践に活きる環境教育学　210

　おわりに
　索　　引
　執筆者紹介

第1章 環境教育学の基礎理論構想のための予備的考察

今村 光章

1 環境教育学の構築を目指す理由

(1) 環境教育の「教科書」を超えて

　本書の書名は『環境教育学の基礎理論』である。まず、環境教育というタイトルが付されている他の書物との比較検討を通じて、なぜ環境教育学について論じるのかを説明したい。

　昨今では、環境教育について論じている書物は数多い。とりわけ、大学生や初学者を対象とした環境教育実践への手引きとなる書物——すなわち、環境教育について包括的かつ網羅的に解説しており、書名に環境教育という文字が付された「教科書」(以下では、「教科書」は環境教育の教科書を指す)——は、管見の限りでも20冊余りにのぼる。そうした類書と本書とはどこが違うのか。

　「教科書」の一例を挙げてみよう。やや古いが、2002年に『環境教育への招待』(川嶋宗継・市川智史・今村光章編、ミネルヴァ書房)が刊行されている。2009年には、『現代環境教育入門』(降旗信一・高橋正弘・朝岡幸彦監修、高文堂)、および、『環境教育を学ぶ人のために』(御代川喜久夫・関啓子、世界思想社)が刊行された。2012年には、日本環境教育学会が編集した『環境教育』(日本環境教育学会編、教育出版)が、その翌年には『よくわかる環境教育』(水山光春編、ミネルヴァ書房)が出版されている。

　環境教育関連の書籍のうち、どれが「教科書」でどれが研究書なのかという区別は困難である。仮に「教科書」だけを抽出できても、紙幅に限りのある本章ですべての「教科書」を取り上げて比較検討することはできない。まして、

環境教育という文字が書名に付されていなくても環境教育について論じている研究書があるため、厳密に研究対象を定めることは困難である。

したがって、きわめて限定的であるが、一例として私も編者として加わった『環境教育への招待』と日本環境教育学会が編集した『環境教育』の2冊のみを紹介し、他の類書を概観して得られたことを手がかりに、本書と類書との差異について言及しておきたい。

まず、『環境教育への招待』では、「環境教育の基礎理論」と題された第Ⅰ部がある。だが、その内容は文字通りの意味の純粋な理論ではない。環境教育の歴史と目的・目標・カリキュラムの紹介にすぎない。第Ⅱ部の「環境教育の内容・方法論」の内容は大別してふたつの分野、すなわち、自然科学・社会科学・人文科学にわたる環境教育の学習内容とも言える内容、および、教育のプログラムと方法から構成されている。最後の第Ⅲ部では「環境教育の実践論」が示される。その内容は、日本の小・中学校と高等学校、学校外での取り組みの説明、および、海外の実践事例の紹介である。

他方、日本環境教育学会が編集した『環境教育』は、序章と終章を含めると合計16章で構成されている。大きな枠として見れば、環境教育を学ぶ理由と理論的背景などを含む環境教育理論の領域、環境問題の発生から現在に至るまでの環境問題を扱った環境問題論の領域、環境教育の目的と方法の領域、学校における環境教育の計画やプログラムの領域の4つの枠が示されている。

その他の「教科書」についても吟味したが、ほぼ似通った内容となっていた。また、こうした枠組み化がさほど看取できない書物もあるが、それは「教科書」の域を超えているからだろう。よって、「教科書」に限って言えば、その主たる内容は、図表1のような5つの領域に分類できる。①と②、③と④が同じ枠組みに入っていることがあり、⑤の記述の分量には大きな幅がある。すべてが上記の枠組みに入っているとは言えないが、この図表1のような領域があると考えても差し支えない。

ところで、海外では、「教科書」ではないが、2013年に"International Handbook of Research on Environmental Education"と題された51章もの章からなる環境教育研究の手引書が刊行されている。その構成は3つのパートに分かれ

第1章　環境教育学の基礎理論構想のための予備的考察

図表1　環境教育の教科書の枠組み

①環境教育の理念・定義・目的・目標などを扱う**環境教育理論**領域
②環境教育に関する法律・国際的な文書の紹介や制度を含んだ国際的国内的な環境教育の歴史を扱う**環境教育史**領域
③学校内外の多様な環境教育実践の方法やカリキュラム、プログラム、評価方法を論じる**教育方法論**領域
④国内外の学校や学校以外での実践事例を報告・紹介する**教育実践事例紹介**領域
⑤実証主義的な環境科学をベースとしたアプローチで、環境教育の学習内容となるべき公害問題や地球環境問題、環境史や環境問題史、ならびに、人文科学と社会科学的をベースに環境問題にアプローチする環境思想や環境倫理学、環境社会学を扱う広い意味での**環境関連学**領域

出典：筆者作成

ている。そのテーマは、A「問い直されるべき領域としての環境教育を概念化する」、B「環境教育のカリキュラム、学び、評価の研究：プロセスと結果」、C「環境教育研究における枠組み化・実践評価の問題」である[1]。Aは環境教育理論領域、Bは教育方法論領域、Cは学理論領域であり、上記の図表1には含まれていない内容である。ABCの3つのパートがまた3つの下位のセクションに分かれて合計9つの要素から構成されているが、Cのパートは、「環境教育研究の境界域を押し広げる（Moving margins in Environmental Education）」（Ⅶ）、「哲学的かつ方法論的パースペクティヴ（Ⅷ）、「環境教育研究の洞察、欠点（Gaps）、将来の方向性」（Ⅸ）と題された3つのメタ理論のセクションがあり、数章から構成されている。日本の「教科書」で欠落しているのは、まさにこの環境教育研究の領域を拡大する部分と哲学的なパースペククティヴである。本書が「教科書」と多少なりとも差別化できるのは、その点を含むからなのである。

(2) 環境教育自体とその前提条件を根源的に問い直すための環境教育学

どの「教科書」も、広大な環境教育の領域をきれいに、しかも、丁寧にカバーしている点で非常に有意義である。それにもかかわらず、屋上屋を重ねるかのように、環境教育学というタイトルを付した書物を加える理由は何か。

その第一の理由は、環境教育の理念や定義について根源的な問いを読者の皆

様と共有したいからである。環境教育それ自体に自己言及してアイデンティティを確立し、環境教育学について言及するためでもある。とはいえ、それは性急に環境教育と他の教育との境界を画定して独自性を固持することを意味しない。他の「〇〇教育」との境界があいまいになっている状況をどのように受け止めるのかを慎重に検討しながら共通の目的と目標を見出して、それらの教育と緩やかに接続したり連携したりする方向を見出すためである。

　『環境教育学』という文言を書名とする第二の理由は、環境教育の研究が前提としてきた様々な概念までも根本的に問い直したいからである。「教科書」においては、環境教育の存在、その理念や枠組み、歴史などが自明なもので論争の入り込む余地がさほどないものとして記載されている。一例を挙げよう。環境教育の目的と目標と前提について——たとえば、「持続可能な社会を創る」という目的、「幼少期に自然体験をしましょう」というスローガン、「科学的知見に基づいて環境問題を理解する」という目標、ならびに、「現代のグローバリゼーションが進んだ産業社会」といった前提——を疑うことはない。加えて、政府の基本方針——たとえば、「環境の保全のための意欲の増進および環境教育の推進に関する法律」や国連の文書である「持続可能な開発のための教育の十年」——を所与のものとして受け入れている。

　「教科書」は、環境教育の実践者になろうとする読者や環境教育に興味関心を抱いている読者に、疑問を差し挟ませないように無難に書かれている。読者を、首尾よく効率的に教育実践に導くことを狙っている。それゆえに、当然、その性質自体を否定する意図は毫もない。

　しかしながら、本書ではそのような「教科書」の限界を突き破り、環境教育が何であって、何を目的とし、どのような研究方法を採用するのか、ならびに、何を前提としてきたのかについて、深いところからラディカルに問い直したい。また、環境教育研究の境界域を押し広げたい。そのために環境教育学の基礎理論を構築したい。ただし、本書は環境教育学構築の準備段階であり、謙虚に「環境教育学研究序説」という域を超えないものであると認識している。

2　環境教育学の構築を目指す際に留意すべき点

(1) 環境教育学の非体系性・非網羅性・非完結性

　次に、環境教育学という学問の性格とその環境教育という学問の共通の認識の必要性について言及しておこう。

　元日本環境教育学会会長の鈴木善次は、『環境教育学原論』で環境教育に関する研究をひとつの学問分野として位置づけ、それに環境教育学という名称を与えて環境教育の体系化を試みている。そして、次のように主張する。

> 「『環境教育論』であれば、その目的、目標、内容、方法などはそれぞれの論を提案する人によって異なってもよいし、当然そうなるであろう。もし、『環境教育学』とするならば、少なくとも学問体系に必要な目的、目標、方法、内容などのうち、特に目的、目標ではその分野に携わる人たちの共通した認識、理解などが必要になるであろう」[2]

　すべからく、学問とは「全体を網羅したひとまとまりの知識体系」であるべきだという見解がある。鈴木の見解も踏まえて言えば、環境教育学は、環境学の面からも教育学の面からも、環境教育における学習内容を教えるためのひとまとまりの知識体系となり、共通した認識が必要となる。だとすれば、筋道がすっきりと通っていると言う意味での体系性、重複なく偏ることなく扱われるべきすべてのテーマを均等に論じているという網羅性、および、それがすべてであるという意味での完結性を備えていなければならない。だが、「序説」とお断りした通り、本書ではそれを第一義的な優先事項とはしない。なぜなら、環境教育学という学問は、他の学問に比べて非体系性・非網羅性・非完結性――以下では、用語法に多少の難があることは承知しつつ、簡便にするため、まとめて非体系性と記す――こそが大きな特徴であると考えるからである。

　環境教育学は、単純にその字面だけを見ても、環境学と教育学という学問に多くを負う。実際、生態学や生物学をはじめとする自然科学にも、また、地理学や都市計画学にも、哲学や人間学や倫理学からも多くの影響を受けて構成される。しかも、西洋古典の思想から東洋現代に至る様々な地域と歴史を縦横無

尽に駆け巡る奔放さがその本質にある。

　加えて、環境教育学は、常に未知なる現象——たとえば、予期せざる突発的な自然災害や気象の変化、新たな科学技術の進歩のために登場してくる環境問題——との遭遇を経験する。そのため、将来にわたって普遍妥当的な環境教育学というものは存立し得ない。体系化は拒絶されているかのようだ。そのため、環境教育学の非体系性を学問的特徴として把握し、本書では章立てによる体系化や枠組み化を試みることはしない。

(2) 非体系性を認識して環境教育のプラットフォームを構築する

　非体系化を前提としても、環境教育に教育実践と理論研究の両面でかかわるものたちが、ある程度まで共有しておかなければならない認識と理解、すなわち、「プラットフォーム」とも呼ぶべき共通の基盤が必要である。

　その理由のひとつに、環境教育学に関する理論的な議論の深まりがさほど見られないことが挙げられる。たとえば、2008年に書かれた三谷高史らの環境教育研究に関するレビュー論文によれば、環境教育に関する理論的かつ哲学的な研究がわずかであることがわかる[3]。2015年には、野村康が日本環境教育学会誌に掲載された原著論文107本すべてについてレビューした労作を発表しているが、その論文においても、野村は、環境教育（研究）のパラダイムを議論した、あるいは何らかのパラダイムに沿って環境教育研究を方向づけようとした論文がないと指摘している[4]。

　三谷や野村の指摘のとおり、環境教育学会誌に掲載された論文や環境教育学会の大会発表の大半が、教育実践に関するものと環境問題を扱う実証主義的な内容で占められている。理論的哲学的な問いを持って、環境教育とは何かを問う研究は単発的なものである。学問の深淵をうかがい知ることのできるような議論の蓄積は希少である。それどころか、環境教育研究の論文において、時として先行研究を十分に検討することなしに、それぞれの論文の執筆者の出身分野だけの土台をもとに議論が進められているという事態や、政府や国際的な教育機関、公文書などに頼りすぎるという指摘がある[5]。

　深刻なことに、そのような指摘があるにもかかわらず、この事態は現在に至

るまでさほど改善されていない。なぜなら、日本環境教育学会は、大会のたびごとに若手研究者に論文執筆を指南する会を開いており、そこで先行研究を検討するようにと懇切丁寧に指導しているからだ。むろん、その活動を高く評価したい。今後も継続しなくてはなるまい。だが、ご叱正を覚悟で言えば、この状況が続いているのは、残念ながら環境教育の学問的基盤が脆弱であるからに他ならない。こうした状況が続けば、「教科書」と同様に、いかに環境教育実践を推進するかということにのみ心を奪われ、環境教育に根源的な問いを差し挟むことができず、かえってその発展を阻害しかねない。

(3) 硬直化を招かないよう留意する

当然のことながら、こうした状況が放置されていたわけではない。周知のように、日本環境教育学会の創立20周年を記念して編集された特集号[6]では、編集を担当した降旗信一らによって、ひとつの「全体的な枠組み」が示されていると看取できる。その枠組みとは、「自然保護教育と自然体験学習」「公害教育と地域づくり・まちづくり学習」「幼児教育・保育と環境教育」「食と農をめぐる環境教育」「海外から学ぶ環境教育」などである。つまり、「学としての構築」の試みがすでになされている。この枠組みは体系化を強く打ち出す試みではない。固定化も求めてはいない。だが、学理論形成への重要な第一歩である。

ところで、前掲の『環境教育学原論』では、シンプルに３つの研究領域と研究内容が示されている。すなわち、第一に、環境教育の理念・目的・目標・歴史などに関する「原論」領域、第二に、環境教育で扱う学習内容に関する「内容論」領域、第三に、環境教育の「方法論・実践論」領域である。鈴木は、この体系化だけにとどまらず、環境に関連する諸学問も加えているので、それを含めると、４つの枠組みが示されている。しかし、鈴木自身が「試論（私論）」であるとも断っているように固定的な枠組みではない。

こうした枠組み化や体系化を試みる際、私たちが最も注意しなければならないのは、結果として表現された内容が、硬直化をもたらしかねないという点である。時として権威主義的になるという危険性もはらむ。加えて、他の諸科学のような体系性と実証性をもって、そもそも環境教育が学問として成立するの

かという根源的な問いにも正面から向き合わねばならない。

　その問いに向き合うことも環境教育学の存在意義のひとつである。たとえば、環境教育の前提である環境問題の存在とその深刻さに関する客観的事実や実証的な事実とは何かということに認識論的な疑義が差し挟まれている。環境科学によって客観的に把握されるべき事態についても論争があるように、社会構成主義が登場して以降、社会科学においても環境破壊の「現実」とは何かということについて深刻な疑いがかけられている。そればかりではない。そのあいまいな環境問題という「現実」を解決することに寄与する環境教育学は、「効果」をあげられるのかという問いも抱えている。環境問題という「現実」があり「効果」が上がる対処方法や環境教育があると仮定しても、それらは、時代と地域において不断に変化する柔軟な総合体で容易に固定化できない。環境教育学の構築には多くの障壁がある。きわめて慎重に用心深くならねばすぐに足元をすくわれてしまう。

　次に、学理論の論議は時期尚早ではないかという反論が予想できる。それについても先回りして論駁しておこう。

　国際的な環境教育の出発地点を1970年頃と見定めるなら、すでに40年あまりの環境教育実践の歴史がある。日本においても、1990年に設立された日本環境教育学会は、実践の普及に発展に大いに寄与した。当初、日本環境教育学会は、学者の集まりではなく、「実践を志向した研究」を行う「市民に開かれた新たな形を目指す」とされ、教育実践を積み上げる情報センターとして出発した。それから四半世紀が過ぎた。日本における環境教育実践については十分な研究の蓄積ができた。実践との往還によって理論を論議するうえで、すでに機は熟している。躊躇する理由は見当たらない。

　誤解がないように敢えて言及しておくが、環境教育の学としての構築は、過去の教育実践のマッピングや評価を下すものでもなければ、今後の研究の方向性を限定するものでもない。環境教育学の有効利用は慎重になされなければならない。だが、学理論そのものの構築に慎重になるあまりに議論を怠れば、環境教育実践と理論の発展が阻害される。困難なことは承知で取り組みたい。

3　環境教育研究・環境教育論と環境教育学との差異について

(1)　研究・論・学の区分をめぐって

　手始めに、混乱を避けるために、本書における暫定的な用語法の確認を簡単にしておこう。それというのも、環境教育論（research on environmental education）という用語との混同が危惧されるからである。峻別は不可能だが、環境教育論は、「全体を網羅してはいないが、ある一定の見地から広く環境教育についての考察をまとめたもの」と定義しよう。また、環境教育研究（a study of environmental education）とは、「一篇の論文など、研究テーマと内容が限定的で比較的簡潔にまとめられた研究成果」のことであると理解する。異論はあるだろうが、本書では以下のように、個別的な研究から体系的網羅的な総合的研究になるにしたがって、「環境教育研究（study）」、「環境教育論（research）」、ついで、「環境教育学（science, philosophy, pedagogy）」としておきたい。

　また、環境教育学は、環境についての教育学か、あるいは、環境教育についての学であるのか、という問いについては、ひとまず、その両者であるとしておきたい。どちらの立場も正当な立場であり、その融合によって、真正な環境教育学が彫琢されると考えられる。

(2)　環境教育学の位相

　環境教育学はどのような内容を扱うのか。次にそれを示しておこう。佐藤学の一連の研究、および、ドナルド・ショーンの論考を手がかりにして、環境教育実践において具体的に実践と理論が関係しているのかをみていこう[8]。すでに教育方法学や教師教育学といった学問分野で常識となりつつある理論と実践の関係を、環境教育の分野に持ち込んで、図表2では、環境教育の実践と研究の位相を模式的に示した。①〜④の矢印（↓↑）は、それぞれの位相の相互作用である。

　Ⅰの位相においては、広い意味での教育実践者が、環境教育の必要性を認識して教育実践に取り組む初歩的レベルである。

図表2　環境教育の実践と研究の位相

```
Ⅰ：実 践 レ ベ ル
　　一般化・法則化①↓　↑②理論（法則）の普及

Ⅱ：理 論 レ ベ ル　・・（Ⅰを含めて、研究・論）
　　理論の哲学化　③↓　↑④他の理論の応用　⇔　他の思想

Ⅲ：メ タ 理 論 レ ベ ル・・（Ⅱも含めて、学理論）
```

出典：筆者作成

　このⅠの位相の段階では、教育者は、どのように環境教育実践をするのかを調べたり尋ねたり実践を行ったり、どのように実践をしたのかを振り返ったりする。残念ながら、それだけでは環境教育という発想や環境教育教材の受動的な消費者である場合が多いため、Ⅰの位相の段階だけでは、教育行為が真摯に反省されたり構造化されたりはしない。だが、実践への契機から環境教育という領域に入るため、この層は否定的なものではなく重要な位相である。

　次に、Ⅱの理論の位相を見ておこう。

　実践者は自問自答を繰り返すことで、あるいは、他の教育者や研究者と交流して、当該の環境教育実践を振り返り、そこから何かを学ぼうとする。そして、継続して環境教育実践に取り組む意欲がある場合、自分の経験を構造化した結果得られるカンやコツ、教育的タクト、他者や研究論文等から得られた知見を有効に利用して、次なる教育実践をよりよい実践にしようと試みる。Ⅰの位相が単独でそのまま存在することはきわめて少ない。たいていの教育者は自分自身の環境教育実践を振り返り、他の教育実践に学びつつ、再び新たな環境教育を構想する。環境教育の「ありさま（現状）」を見て、これからの「ありよう（規範）」を考え始めるところにⅡの位相の特質がある。

　すでに佐藤らの指摘で定説となっているように、このⅡの位相で特徴的なのは、すぐれた実践のなかにはある一定の「法則（theory in practice）」が埋め込まれているため、それを発見して抽出し、定立する動きである。また、樹立したある種の「法則」を実践に応用し振り向けようとする「理論の実践化（theory into practice）」の動向も特徴的である。ⅠとⅡとの間の相互作用、すなわち

理論と実践の往還があるからこそ環境教育研究が行われる。

　なるほど、環境教育実践が首尾よくいく「法則」を発見しそれを普及できれば、いち早く環境教育実践者を養成できる。だが、技術の転用と比較すれば「法則化」も「普及」も思うようには進まない。それどころか引き出した「法則」がうまく適用できない場合が続出する。環境教育においてもある程度は「法則化」が推進されるべきだろう。だが、近代科学での普遍性や実証性によって得られた法則の普及とは根本的に性質が異なることに留意しておきたい。

(3)　環境教育学の位相——メタ理論

　ところで、Ⅱの位相に立つ環境教育の研究者は、授業実践や教育実践の研究や分析の対象とすることがある。その際、表現するかしないかは別として、必ずと言っていいほど目の前の教育実践を評価する。主観的な興味や関心は別として、できる限り客観的に評価を行おうとする。ひいては教育実践が「よりよく」なるように指導や助言を行う。その際、Ⅱの位相での理論を「物差し」としてⅠの実践を評価しているわけだが、その「物差し」が妥当かどうかを検討する位相が存在していることを忘れてはなるまい。つまり、Ⅱの理論を評価するⅢのメタレベルの位相がある。その位相では、ある種の環境教育理論が妥当かどうかが吟味される。一例を挙げるなら、「どのように環境教育の評価方法を評価するか」というのがメタ理論である。このメタレベルの理論のⅢの位相が学理論の一部である。

　ⅡとⅢの位相の間にも、理論とメタ理論の往還がある。ひとつは、環境教育に関する③「理論の哲学化」である。環境教育論のなかの共通点を探し出して哲学化することがあるだろう。その逆で、環境教育とは関係のないある種の哲学や思想を環境教育の理論形成に応用する他領域部門からの④「他の理論の応用」という学理論形成の可能性の余地も残されている。

　まず、③「理論の哲学化」の議論について一例を挙げておこう。日本における環境教育の学理論研究はわずかだが、海外ではその限りではない。紙数の都合で注を付さず詳論も控えるが、理論研究に関する代表的な論者だけを挙げる

としても、たとえば、バワーズ（C.A.Bowers）、ジックリング（B.Jickling）、ハート（P.Hart）、フィエン（J.Fien）、ゴフ（G.A.Gough）、ロボトム（I.Robottom）、ハックル（J.Huckle）、ルーカス（A.M.Lucas）、ステアリング（S.Stering）、スタップ（W.B.Stapp）、デ・ハーン（G.de Haan）など多くの研究者が存在する。このような海外の環境教育研究者の論を参考にして、環境教育論を次のようにまとめておこう。

　第一に、「○○のための教育」というものを構想し、技術的かつシステム的に環境改善の実効性を求める道具的環境教育論を展開する場合がある。だが、本質的に環境教育は社会変革の道具にはできないし、そうすべきでもないという正反対の立場がある。仮に、道具的環境教育実践を推進するとしても、その環境改善の実効性の測定尺度については疑問が残る。その制度化や教科化をめぐっても多くの議論が展開されるだろう。

　第二に、近代産業社会とその再生産装置である学校公教育システムに批判的な目を向け、社会批判的環境教育論を展開する場合がある。だが、環境教育から発せられる現代社会・教育批判は、反省的な観点を示す点で評価されるとしても、現実的には、批判を具現化して環境教育で環境問題を解決するきわめて具体的な方法が示されないため不毛であるという批判ができる。万一、社会批判的環境教育実践を推進する方針を決定するにしても、市民の手による草の根的な地道な民主主義的手法によるのか、一国の政府の主導やユネスコなどの国際的な取り組みの一環として政治的政策的に進めるのか、プロセスと手続き論について多くの議論が沸き起こるだろう。

　第三に、イデオロギー的にも生態学的にも「持続可能な定常的な文化と生き方」なるものを想定（仮想）し、それを子どもたちに教え込むようなある種の規範主義的環境教育論も考えられなくはない。現代文化を批判することにも重点を置き、ある種の文化を刷り込もうとする場合には、文化批判的かつ規範主義的環境教育論と称してもいいだろう。すぐにお気づきのように、そういった教育は行き過ぎであり、全く教育としては成立しない。特異な小さな宗教的集団や伝統文化集団で、そのような環境教育実践が可能であっても、どのような倫理的道徳的命令を含む教育内容や「文化」とするのかについて多くの疑義が

差し挟まれる。その教育内容が決定できても、子どもたちばかりではなく成人にも、そのような規範を守らせるような行動変容をどのように動機づけ定着させるのかということについて教育方法論的課題が浮かび上がる。

　第四に、環境教育においては、科学的実証主義に基づいて事実のみを教えればよく、価値中立的な環境教育に徹すべきだという環境科学的環境教育論もあるだろう。だが、そもそも科学技術が価値中立的でありえるのだろうか。原子力発電や生殖技術を思い浮かべてみるとわかるように、個別の技術の行使についての善悪の判断が可能なのかについても問題が山積する。

　第五に、環境教育の名のもとに、コミュニケーションと批判的思考の訓練を重視すれば、予定調和的に環境によい市民が育てられ、いつか環境問題が解決するというコミュニケーション的環境教育論という立場もある。しかし、そのデータや事実の背後の科学的言説についても偏向がある場合がある。批判的思考の訓練の効果で、環境改善が可能かどうかについても疑問が残る。

　このように、環境教育学はその学理論を論じる必要性があることが明白になる。環境教育学は環境教育（論）それ自体に自己言及しなければならず、そのためにメタ理論が必要なのである。なお、本章での整理を踏まえ、第13章で再度、環境教育のパラダイム論について詳しく言及する。

　ところで、④の「環境教育以外の理論の普及（他の理論の応用）」については、手前味噌だが、エーリッヒ・フロム（E. Fromm: 1900-1980）の「ある存在様式」の理論と社会変革論を転用する立場がある[9]。環境哲学や環境倫理学、ホリスティック教育やシュタイナー教育の援用を試みる立場などがあるだろう。この点についての言及は控える。だが、そのような他の思想からの転用が可能なこともあることを指摘しておこう。

4　環境教育学とは何か

(1)　環境教育学は政策や政治から一定の距離を置いた自律的な総合的学問

　最後に、環境教育学と環境教育政策学の違いについて言及しておこう。
　周知のとおり、環境教育の源流のひとつに自然体験を尊重する「環境のなか

での教育」の立場がある。この立場は、制度化や政策化、政治やイデオロギーの対立といった問題には、どちらかと言えば無頓着であり、社会経済的構造や思想・哲学の問題にはそれほど目を向けてはいなかった。他方、もうひとつの源流には、実証科学を重視する「環境についての教育」の立場がある。この環境科学教育とも言える立場は、客観性、普遍性、合理性を軸に、価値中立的な態度を示しているように見える。また、そう解釈する立場を尊重する。したがって、政策決定や制度化にはさほど影響しにくいようにも思われる。

だが実際には正反対かもしれない。デカルト的な機械論的な自然観に基づき、近代科学と技術の力で、すべてをコントロールできるという楽観的技術至上主義的な万能感がその背後に潜む。その意味で、政策決定には重要な実証的科学を持ち出し、現実を改変する技術を過信することもあろう。一見、価値中立的には見えるがそうではない。多言を要さないが、従来の「環境のためではない教育」には、隠されてはいるが強大なパラダイムが潜んでいる。逆に、当然、「環境のための教育」も強いイデオロギー性を有している。

ところで、高橋正弘は「環境教育について語られた定義や概念の間には、大きな論点や対立点は存在しない[10]」と主張し、「環境教育を整備するのは、そもそも『環境教育政策』を策定し、環境教育を制度化するという作業が必要[11]」であるからだと述べる。「環境教育の概念研究の問題点は、そこで行われた研究が、具体的な環境教育の実践や環境教育政策の決定に直接結びつかない、もしくはその傾向が強い[12]」とも指摘する。原子栄一郎も「研究総括の枠組みは、実践→研究→学→政策という論理に貫かれて」おり、「研究総括の結果、構想される環境教育学は、環境教育『政策学』という使命学」だと主張する[13]。

確かに高橋や原子が指摘するとおり、環境教育の研究が教育政策に結びつかなかった点は課題である。環境教育学の一部門として、環境教育政策学・政治学という研究領域の必要性も認められる。だが、広い意味での環境教育学が、全体として包括的に、現行のある種の政策だけに偏向したり将来的にある種の政策に反映させることを目的として研究を進めたりすることは避けるべきである。

何も環境教育学は完全に政治的中立を守るべきだなどと強弁しているわけではない。逆に政治性が必要であることを認めたい。それでも、学問としては、

政策や政治、経済体制や様々な意味での価値観、さらには暗黙のうちに前提としている支配的なパラダイムからは一定の距離をおき、あくまでも自律的に学問としての構築を目指すべきである。環境教育学を整備した結果、ある種のイデオロギー性が出現しても、その現実的な政策への導入と展開については別に冷静に議論しなければならないと考えられる。

(2) 科学・教育哲学・実践学から構成される環境教育学

では、環境教育学とはどのような構造から成立するのか。私見ながらその大まかな構成について提案しておこう。

手始めに、環境教育学の教育内容は、環境教育の科学に基づく実証的な知、ならびに伝統文化やある社会集団の土着の知といったものに基礎づけられる。なぜなら、環境や環境問題、生物学や生態学に基づく知見、広い意味での自然科学、ならびに環境教育実践に関して、客観的かつ実証的な事実に関する全体を網羅した知識体系が環境教育学に含まれるからである。環境教育学の構築に向けては、環境科学や環境学関係の専門科学者の協力は不可欠である。むろん、土着の知といったローカルな視点も不可欠だがここでは深入りしない。

同時に、環境教育学の内容は、環境教育の営みを根底から問い直すという自己言及的な要素を含む。すなわち、環境教育学とは環境に関する教育の哲学と解釈できる。この点を改めて強調するのは、昨今、自然災害やそれに伴う人災で、近代科学の知と高度な技術の保証が安全で安心な社会の根拠となり難いことが暴露し始めているからである。近代科学の底流にあって、それを支持している経済的思想的な原理、――つまり、利便性や快適性、利潤追求性や資本の蓄積といったものを求める原理――が、一旦、括弧に入れられなければならないことが明らかになったからである。現代社会では、個々人の生き方の存在様式と社会の存立の様式の両者が哲学的に根底から問われているのである。この時代的潮流のなかで教育哲学的な議論を射程に入れなければ、環境教育学はその出発点に立てない。

以上のように、「学」と付することによって、環境教育の営みに対する反省的方向づけが入り込む。環境教育という営みに自己言及的な側面を加えるのが

「学」である。

　しかしここから先は急いではなるまい。本書においては、緩やかな全体的輪郭と各論のあいまいな融和を目指す原初的な環境教育学が立ち現れることを願っている。そして、それが皆様のご批判とご叱正にさらされ、ディープなコミュニケーションを繰り返しながら、ゆっくりと醸成されることを願っている。

【注】
1 ）　Robert B. Stevenson *et al*., eds., 2013, *International Handbook of Research on Environmental Education* 592 ff. Routledge.
2 ）　鈴木善次 2014『環境教育学原論』東京大学出版会、9 頁。
3 ）　三谷高史ほか 2008「日本の環境教育研究の動向」＜教育と社会＞研究18号、71-79頁。
4 ）　野村康 2015「日本における環境教育研究の特徴と課題」環境教育25（1）、82-95頁。
5 ）　この点については、小澤紀美子ほか 2009「＜座談会＞過去に学び、今を知り、未来を探る――日本環境教育学会の20年から」環境教育19（1）、53-67頁、および、降旗信一 2010「環境教育研究の到達点と課題」環境教育19（3）、76-87頁、を参照されたい。
6 ）　この点については、日本環境教育学会 2009 環境教育19（1）を参照にした。体系化については、古くは、丸山博が1991年から取り組んでいる。たとえば、丸山博 1991「自然の階層論に基づく『環境科学』教育の体系化」環境教育 1（1）、4-10頁、丸山博 1993「環境教育目的論の検討と環境教育体系化の試み」北海道大学教育学部61、89-104頁、である。
7 ）　日本環境教育学会 2001 日本環境教育学会10周年記念誌、7 頁。
8 ）　この点については、①佐藤学 1996「実践的探究としての教育学――技術的合理性に対する批判の系譜」教育学研究63（3）、278-285頁、②佐藤学 1998『教師というアポリア――反省的実践へ』世織書房、③佐藤学 1998「教師の実践的思考のなかの心理学」佐伯胖ほか著『心理学と教育実践の間で』東京大学出版会、9-55頁、④ D. A. ショーン 2001『専門家の知識――反省的実践家は行為しながら考える』佐藤学・秋田喜代美訳、ゆるみ出版、を参照した。
9 ）　今村光章 2005「エーリッヒ・フロムの思想と持続可能性に向けての教育――『ある存在様式』と社会変革の視座」今村光章編著『持続可能性に向けての環境教育』昭和堂、115-137頁、を参照されたい。また、本書の第 2 章にも関連個所がある。
10）　高橋正弘 2013『環境教育政策の制度化研究』風間書房、4 - 5 頁。
11）　高橋・前掲書（注10） 1 頁。
12）　高橋・前掲書（注10）12頁。
13）　原子栄一郎 2010「環境教育というアイディアに基づいて環境教育の学問の場を開く」環境教育19（3）、90頁。

第2章 「環境教育のプラットフォーム」というアイディア

井上　有一

1　環境教育学に求められるもの

　テサロニキ宣言[1]に俟つまでもなく、持続可能な未来の実現という地球規模の課題は、今日の環境教育において、きわめて重要な位置づけを得るものである。宣言にも書かれているとおり、環境教育の主要な関心は、人類の社会的な側面に拡大していかざるをえない。換言すれば、社会の構造的な問題に目を向けることなく推進される「家庭におけるこころがけ」教育にあらわれる脱政治化、脱社会化の流れに、環境教育の営みを委ねることは許されないということである。本章では、「政治」の語を、議会や政党がかかわる統治に関する事項という狭義のそれにとどまらず、人と人との関係において意思決定にかかわるほぼすべての事柄を指す広義で使うこととする。

　環境教育は、前段に見た性格を規範として持つとした場合、これまで以上に重要な役割を今日の社会において果たしていかなければならず、またそうした重要な任務を遂行していけるものである。ここでは、「持続可能な社会」というものを、①環境面における持続可能性だけでなく、②社会における公正さや、③存在の（生きることの）豊かさの保障という、最重要課題にかかわるものとして捉えておきたい[2]。これら3つの側面において、現在の社会が「持続可能な社会」から大きくかけ離れた状態にあることを考えると、環境教育に課せられた任務の重要性がよく理解できる。この役割の重大さは、環境教育に携わる私たちにそれなりの「覚悟」を求めるものとも言える。

　関連して、「環境教育学」には、その役割を十全に果たしていくことが求め

られる。ひとつ重要なことに、環境教育実践のしっかりした基盤を構築するということがある。持続可能な社会の実現という課題を考えた場合、実践が根なし草にならないためにも、広く合意できる基本事項を言語化し共有しておくことは、有益なだけでなく、必要不可欠と言うべきであろう。実践と理論との充実した有機的連環が確保され公開の場における自由闊達なやり取りが不断になされること、これが環境教育学に求められる必要最低限のことである。この協働の産物として生み出される合意事項は、公開された自由な議論を重ねるなかで徐々に形成されていくもので、一旦言語化された後にもそこで固定されるものではなく、不断の検証と改訂がなされていくべきものと言える。

「持続可能な社会の構築」という環境教育の課題を考える場合、民主性や批判性といった要素を基盤としてダイナミックな議論を展開し、その上に協働としての環境教育学の営みというものを構想することが求められる。この構想を推し進めるにあたり、「エプロン・ダイアグラム」と呼ばれる構造図から学べることが大変多い。これは、「ディープ・エコロジー運動」の性格や構造を理解するための一助として考案されたイメージ図である[3]。また、「プラットフォーム」とは、このエプロン・ダイアグラムのなかで「基本合意事項」の位置づけを与えられるもので、取り組み全体の本質を代表して示すものとされる。このイメージを踏まえて、「環境教育のプラットフォーム」と呼びうるものを具現化していくことは、環境教育学を拓き、その内容を確かなものとしていく、実質を伴う取り組みのひとつになるだろう。

ここで、環境教育という営みが「持続可能な社会の実現」といった目標にコミットする場合を考えてみる。具体的には、たとえば、貧困や人口増加にかかわる問題、資源消費や環境汚染にかかわる問題、人権や民主主義にかかわる問題を取り上げることにした場合、当然のことながら、政治的価値やイデオロギーにかかわる選択がなされていることが前提になる。テサロニキ宣言にも明らかなかたちで示されているとおりである。この意味において、環境教育はすぐれて（広い意味での）「政治」にかかわる取り組みなのであり、「環境教育は政治的に不偏不党でなければならない」といった文言は、この表現そのままでは、実質的な意味をなさないことが理解できる。「エコロジーの危機」とも表

現される現在の環境問題（「環境社会問題」と言うべきであろう）に正面から向き合い、持続可能な社会の実現を目指すという場合、環境教育は原理的にこうした社会性・政治性から逃れえない。社会の構造を批判的にみて、問題の軽減や解決を視野に入れることは、政治的価値の選択にほかならない。

　日本においては、こうした環境教育の政治的価値やイデオロギーにかかわる研究は十分な程度にまで深められてこなかった。たとえば、この分野の代表的学術誌である『環境教育』（日本環境教育学会学会誌）の創刊（1991年）以来20年間にわたる掲載論文を分析対象として、野村康は、「認識論的パラダイムを論じたり、それに沿って環境教育を捉え直したりする研究は見当たらない」、「社会と環境問題についての構造的考察（あるいは社会環境教育学的アプローチ全般）については限定的である」と述べている。また、日本に見られるこの傾向は国際的には特殊な事例なのではないかとも言う（「批判的・解釈主義的なポスト実証主義にシフト」という「世界的なパラダイムの転換から、日本の環境教育学会は隔離されているのではないだろうか[4]」）。このような状況を踏まえるなら、この種の研究、とりわけ社会批判性にかかわる研究を日本において展開していくことは、「持続可能な社会の実現」という課題との関係においても、必要不可欠であるだけでなく喫緊の課題と言える。

2　ディープ・エコロジー運動

　前節で言及したエプロン・ダイアグラムは、環境教育という営みを考察の対象としていく上で、その構造モデルのひとつになりうる。確かに、ディープ・エコロジー運動は社会運動や思想運動であって、環境教育はそうではない。しかし、それにもかかわらず、ここに示されたネスの考えは、環境教育学を構想するなかで、環境教育と呼ばれる取り組みの構造をイメージする際に有用なモデルになりうる。環境教育にとってのプラットフォーム原則を考えるということが、環境教育学を拓くひとつの試みになるのではないか。

　アルネ・ネス（1912-2009）は、「ディープ・エコロジー運動」の造語で知られるノルウェーの哲学者である。エプロン・ダイアグラムは、そのネスの手に

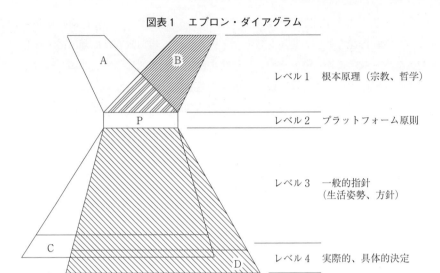

図表1　エプロン・ダイアグラム

出典：アラン・ドレングソン、井上有一編 2001『ディープ・エコロジー——生き方から考える環境の思想』井上有一監訳、昭和堂、43頁

なるもので（図表1に示す）、「ディープ・エコロジー運動」と呼ばれる取り組みの全体が、互いに有機的な結びつきを持つ4つの層に属する営みから構成されていることを示している。

　ここに示される考え方の重要性は、プラットフォーム（統一見解、合意事項）に、論理的にあるいは因果関係でもって関連づけられる他のレベルの取り組みや価値観の多様性を積極的に評価し、また保障していこうとするところにある。プラットフォームは、公開の場における自由な議論を通じ一定の合意を得た基本的な原則で構成される。また、その合意内容に対しては引き続き不断の再検討と改訂作業が重ねられていく。

　ネスの考えは以下のとおりである。レベル2のプラットフォーム原則（基本合意事項）以外のレベルに属する営みは多様であることが前提とされる。レベル1には、個々の人物がもつ究極的な信条や価値観（特定の宗教や哲学などを含む）が属するものとし、レベル4には、日々の具体的な行動や判断といったもの、レベル3には、それらの行動や判断のもとになる大きな方針、たとえば、

第 2 章　「環境教育のプラットフォーム」というアイディア

生活の指針や計画の方針といったものが位置するものとする。仏教徒（たとえば、図の A にあたる信条や価値観を持つ）、イスラム教徒（図の B にあたる信条や価値観を持つ）、無宗教で自身の信念や哲学に生きる人々では、究極的な前提（レベル 1）を完全に共有することはできないであろう。しかし、たとえば「現在、自然への人類の介入は過剰であり、この度合いを全体として減らしていくことが必要である」といったひとつの原則（レベル 2、プラットフォームの一部）であるなら、等しく支持できるかもしれない。そして、この原則と矛盾しない形で、住んでいる場の特性や個々の必要など様々な事情を考慮に入れつつ、人々はみずからの生活指針や政策大綱を作り出し（レベル 3）、それらの方針や計画のもとで、それぞれの生活事情などに応じて具体的に行動したり判断を下したり（レベル 4）できるであろう（図表 1 の C や D）。したがって、他のレベルで積極的に評価されるべき多様性が十全にその可能性を開花させるためにも、その礎として共有されるレベル 2 のプラットフォーム原則にかかわる合意を開かれた議論を通じて形成する必要がある。これがネスの考えである。

　なお、「プラットフォーム」とは、政党でいうと「綱領」「政綱」などと訳されることもあり、特定の取り組みや考え方全体を代表するものである。日本語では、一般的に「駅のプラットフォーム」を意味するが、ひとつの共通の基盤（足場）の上に様々なもの（政策や施策、日本語での意味では乗降客など）が乗るというイメージを共有している。たとえば、「みどりの人々（緑の党）」の運動においては、その国際ネットワークである「グローバル・グリーンズ」が 2001 年に採択した「憲章」（2012 年に改訂）がある。これがネスのいう「プラットフォーム」に該当するものになっている。[5]

　ネスの場合、この基本原則にあたる部分を、有機的なつながりのある四層構造のなかの第二層として視覚的に捉えているところに、そのユニークな意義を見出すことができる。エプロン・ダイアグラムに示される運動の捉え方、理解のあり方が持つ重要性は、個々の人間が持つ宗教や哲学といった原理レベルの違いを多様性として擁護し、論理的にはその下に位置しプラットフォームと呼ばれる（いわば、「運動の看板」である）原則レベルの合意を取り組み全体の基盤にするという考え方にある。究極的な原理レベルへの「帰依」は求めず、まず

は原則レベルの合意を踏まえ、それぞれ異なる状況に応じて社会や人間のあり方を問い、エコロジカルな未来に向かう努力を重ねていこうと呼びかける。このアプローチは、様々に異なる背景を持つ人々に広く運動の門戸を開こうとするものである。しかし、それ以上に積極的な意味を持つ。すなわち、権威を持つものから一方的に下される指示に唯々諾々と従うのではなく、常に対抗的契機や批判的精神に基づき主体的判断を下すという「市民」的で民主的価値に基づく人間存在のあり方が支持されているのである。

3 「環境教育のエプロン・ダイアグラム」というアイディア

"Think globally, act locally!"（地球規模で考え、足元の地域で行動せよ！）という、よく知られたエコロジー運動のスローガンがある。これは、当然ながら文字どおりの意味であるが、その含意を汲み取り、「みずからの取り組みを進める一方、常にその活動をより大きな文脈のなかに正しく位置づけて理解しておくことが大切、大きな流れを見失うことなくみずからの具体的な取り組みにコミットせよ」といった意味にも解釈できるだろう。このような考えに立つ場合、エプロン・ダイアグラムを環境教育に適用し、環境教育を構成する活動を構造的に捉えた上で、「環境教育のプラットフォーム」に位置づけるべき事項を検討していくことは、環境教育学が果たすべき最重要の役割のひとつであると考える。

ところで、環境教育という取り組みは、関係しないものはないと思われるほど広範な研究や調査で得られたものとの深いかかわりのなかに存在している。たとえば、環境思想、環境倫理学、環境法学、環境哲学、環境経済学をはじめとする環境関連分野の成果や見識はもとより、生態学などの自然科学分野の情報や知識、さらには、教育学は当然のこと、社会学や地理学から文学、歴史学までを含む人文・社会科学分野の知見などが挙げられる。このことを踏まえ、環境教育のエプロン・ダイアグラムのレベル1には、これらの諸学が位置するものと考えて、そこからレベル2のプラットフォームを構想することができるかもしれない。

しかし、ネスのエプロン・ダイアグラムの真の強みは、単に異なる分野の科学的知見や情報といったことに基づいたプラットフォームを構成できるということとは別のところにある。宗教的、政治的価値、さらには、存在論にかかわる究極的な世界観など、原理的に妥協や共有が不可能なものを互いに持つ者同士においても、等しく支持でき、取り組みの基盤となる原則や規範や認識を明示して共有することを可能とする枠組みを提供できることに、その真価が見て取れるのである。ここで、ネスはけっして「ディープ・エコロジー」という言葉を使わず、この取り組みを「ディープ・エコロジー運動」と意識的に呼んでいたことが思い出される。また、「ディープ・エコロジー主義者（ディープ・エコロジスト）」ではなく、必ず「ディープ・エコロジー運動の支持者」といった表現を使ってもいた。この名で呼ばれる取り組みが、純化・固定化され絶対的な「帰依」を求める思想や価値体系に基づくものになるのではなく、あらゆる面で多様な人々に広く開かれ、人々の究極的な前提も含めた多様性はそのままでむしろこれを拠りどころとして支えられ発展していく姿をそこに見ていたからにほかならない。権力や脅迫による強制ではなく、論理的で民主的なことばのやり取りによって、平和で社会正義が実現され人間以外の生命にも必要な配慮がなされる社会の実現を、ネスは構想していたのであった。

　こうしたネスの構想を踏まえて、「環境教育のエプロン・ダイアグラム」を考える場合、この捉え方は、環境教育に求められる最小限の基本事項を共有のものとして確認しつつ、その一方で、環境教育の取り組みに広く見られる多様性を互いに尊重し、この多様性を力としていけるものとなる。第二レベル（プラットフォーム）での基本合意を間違いのない形で意識しつつ、他の３つのレベルにおける多様な取り組みのあり方を肯定的な評価のもと支持していけるのである。なお、イメージの容易さで言うなら、エプロン・ダイアグラムの上下を逆にして考えてみるほうがよい。「プラットフォーム（共通の基盤）」の意味を生かして、地面の上にひとつの土台が置かれていると考える。すると、その上で個性的な取り組みが多様な形で展開されるという様子が、視覚的に無理なく捉えられるのではないか。この視覚的理解においては、都合のよいことに、個人の信念や究極の価値観（レベル１）が共通の土台の下、つまり地中に隠さ

れることになる。妥協し譲り合うことが最も困難な個々人の究極的原理は、とりあえず括弧に入れて問わないことにして、合意して支持できる共通の土台をつくり出し、この土台に足のついた形でそれぞれの取り組みを展開していくという考え方が容易にイメージできる。

　環境教育という営みにかかわる人々が、たとえば、その信条や究極的な前提、深いレベルの価値観（レベル1）に相違があるにもかかわらず、合意できる共通の基本原則（プラットフォーム、レベル2）を、互いに議論を深めるなかで生み出せることは想像に難くない。逆に言うなら、たとえば持続可能な社会の実現に向かうという課題を環境教育の実践において共有する上で、それぞれの信条や信念といった究極的な前提まで統一する必要はないということである。また、そのような基本合意事項さえあれば、それと矛盾しない限り、それぞれの組織や個人は環境教育を進めるにあたり、様々な方針や目標（レベル3）を、個々の事情や関心に応じて、また能力や長所を生かす形で、作り出すことができよう。そして、そのようにして作り出された方針や目標のもとで、個々の場面が持つ諸条件や環境教育の対象となる人々の属性に応じて、具体的な指示や提案、アクティビティといったもので構成される環境教育の取り組み（教育実践、レベル4）を、全体の大きな流れのなかに適切に位置づけて進めていけるだろう。

　たとえば、「環境教育のエプロン・ダイアグラム」の各層には、次のような事項を位置づけることができる。以下に示す構成は、必ずこのような位置づけをとらなくてはならないということではなく、環境教育のエプロン・ダイアグラムをイメージする一助になればと考えて提示するひとつの例にすぎない。ほかにも、有用な構成は様々に考えられる。

　　第一レベル　自身の哲学・思想、信仰、人間観、教育理念、政治的信念
　　第二レベル　環境教育のプラットフォーム
　　第三レベル　自分が行う環境教育活動の具体的達成目標、方針、枠組み
　　第四レベル　環境教育プログラム、アクティビティ、その場その時の具体的な判断・決定

　「多様性のなかでの共有基盤」である第二レベル「環境教育のプラットフォー

ム」がどのような項目から構成されるのかについては、今後の検討と考察、議論と検証に俟たなくてはならない。次節以下、予備的な考察を試みる。

4　プラットフォームには何が位置づけられるのか

　パラダイム・シフト、たとえば、支配的な社会パラダイムが新しいエコロジカルなパラダイムに転換していくといった議論がなされてきた[6]。パラダイムをめぐる議論は、環境教育にとっても重要である。ここで「パラダイム」とは、社会に支配的な認識や考え方、あるいは価値観の枠組みを意味する。私たちは、意識せずとも、このパラダイムという土台の上で、日々、みずからを取り巻く世界を認識し、考え、判断して行動していることになる。一方、プラットフォームは、これとは全く別のものである。プラットフォームは、意識的に目的をもって合意するものであり、明文化されている必要がある。このことを踏まえて、以下、「環境教育のプラットフォーム」には、具体的にどのような事項が位置づけられるのかを考える。

　まず、原理的な事項、原則でもってプラットフォームを構成することができるだろう。ここで、そのモデルとして思い浮かぶもののひとつは、日本学術会議の「原子力研究の三原則」（1954年4月）である。これは、情報の完全公開と国民への周知（公開）、研究の民主的運営および自由の保障（民主）、自主性ある運営のもとでの研究と利用（自主）を求めるものであった[7]。のちには、改変された形ではあるが原子力基本法第2条（1955年）にも反映されることになった[8]。特に法律になった部分についていうなら、これまでのところ、遵守されてきたとはとても言えない[9]。しかし、ここに謳われている「精神」の重要性は優に半世紀を超えてなお失われてはいない。

　なお、文脈は異なるものの、たとえば、環境教育のプラットフォームを具体的に形づくっていく過程では、この三原則に則った手続きをぜひとも踏みたいものである。すなわち、公正で自由なやり取りを通じ（民主）、なんら利害関係や支配関係の圧力を受けることもなく主体性を持ち（自主）、成果が広く周知され共有されていく（公開）形で、プラットフォームづくりの作業を進める

ということである。ある種の一般性を備えた原則群になっている。

政党の「綱領」「政綱」にあたるプラットフォームでよく知られているものは、ドイツの市民政党「みどりの人々」(現在の正式名称は「同盟90／みどりの人々(Bündnis 90/Die Grünen)」)の四原則であろう。四原則には、①エコロジー(ökologisch, 自然環境との関係における関心・理解・責任、人間と自然の搾取への反対)、②社会性(sozial, 正義・公正、自己決定、責任、連帯)、③底辺民主主義(basisdemokratisch, 参加民主主義、直接民主制、反官僚支配)、④非暴力(gewaltfrei, 支配のない社会、市民的不服従、社会的抵抗)が選ばれている。4つの原則には、手続きの規定にあたるものと肩を並べて、政治的な価値など合意の内容にかかわるものが多く含まれている。この四原則（1980年）を含む綱領に代わり、2002年には新たな綱領が採択されている。内容面で大きな変更がなされたわけではないが、非暴力の原則の位置づけが変更されたり、もとの表現とは異なる言葉が採用されたりしている。連立政権への参加に伴う現実的判断がなされたことを含め、賛否は別にして、この綱領は一旦確定されても、固定され不可侵のものとして堅持されたわけではなく、議論を経て変更され今日に至っていることがわかる。このことは、本章の考察にかかわって重要である。

次に、ディープ・エコロジー運動をエプロン・ダイアグラムという図式で捉えるという理解のあり方を示したネスが、そのプラットフォームに何を位置づけたのかを見ておく。ネスのプラットフォームは、ジョージ・セッションズとの共作になるもので、以下の8項目への賛同を求めるものになっている。そして、「プラットフォーム原則」と呼ばれる、これらの要請を受け入れられる人々が、「ディープ・エコロジー運動の支持者」(先述のとおり、「ディープ・エコロジー主義者」ではない)であるとしている。プラットフォーム原則は、①すべての生命が、人間の使用価値とは関係のない、それ自体の本質的価値を持つこと、②生命が豊かで多様な形で存在すること自体が価値であること、③不可欠の必要を満たすため以外に、この生命の豊かさや多様性を損なう権利を人間は持っていないこと、④人口は大幅に減らす必要があること、⑤人間の自然界への介入は過剰であり、状況が急速に悪化しているという事実を認めること、⑥経済的・技術的・思想的な基本構造に影響を及ぼす深いレベルでの政策変更が

第2章 「環境教育のプラットフォーム」というアイディア

必要であること、⑦物質的生活水準の不断の上昇へのこだわりを捨て「生の質」の真の意味を理解すること、⑧必要な変革の実現のための努力を義務として負うこと（以上、要約）を、それぞれ求めるものになっている[12]。

　このプラットフォーム八原則は、一読して明らかなとおり、論理のレベルを揃えて並べられているものではない（異なる意味のレベルに属するものが混在している）。同じ論理レベルの項目を並列したものではなく、おおよそのところ、個々の生命に固有の本質的価値という認識から始め、変革のために行動するというある種の宣言で終わっている。理念的な認識から行動の必要へという具体性を増す方向で緩やかな順序に並べられているのである。8つの項目ともに、エコロジー運動にかかわる人々であるなら、おおよそのところ、賛同できそうな内容である。その意味では、原子力研究三原則やドイツみどりの人々四原則と同様に、強く明確な主張を持ちながらも、広く開かれたプラットフォームになっていると言えるだろう。

　ディープ・エコロジー運動のプラットフォームが、他のふたつのプラットフォームとは異なる点もある。合意形成の後においても、人々の行動を強く制限する機能を持つものとして提案されてはいない点である。さらに、ネスは、先述のとおり、これを固定された取り決めとして提示したのではなく、ひとつの提案として人々に問うたのであった。この提案に応えて議論がなされ、代替提案もなされている[13]。当然のことながら、ネスとセッションズの提案をきっかけとしてなされた議論や代替提案は、ディープ・エコロジー運動全体の発展に重要な形で寄与するものとなった。ネスは、「これ（ネスとセッションズの提案したプラットフォーム）を読む人々もまた、自分自身にとってのディープ・エコロジー運動を創造し、鍵になる考えや原則を明らかにし、それらの原則に基づいて行動した場合どのような結果が生じるかについて考えてみてほしい[14]」とも言っている。このネスの言葉は重要である。ネスは、プラットフォームを、人々がみずから考え広い意味での教育の機会を提供するものとして捉えているということである。そして、そのことがまたディープ・エコロジー運動のさらなる発展につながっていく。環境教育のプラットフォームを考える際には、その性格上、ネスが構想した型のプラットフォームが有用な選択になるのではな

かろうか。

　以上の3つのプラットフォームを比較してみると、手続きにかかわる項目と内容にかかわる項目という大きく分けてふたつの事項が取り上げられていることがわかる。「公開・民主・自主」という原子力研究三原則は、おもに手続き、あるいはプロセスについての規定となっている。これに対し、「みどりの人々」の綱領原則は手続きと主張の両方を含むものであり、ネスとセッションズのプラットフォームは、第八原則以外はすべて主張や価値判断を示す内容を持つものになっている。

5　「環境教育のプラットフォーム」の構成要素を考える

　この節では、環境教育のプラットフォームについて考える。前述のとおり、多様な型のプラットフォームを考えることが可能であり、また、どのような項目でプラットフォームを構成するのかについても、様々な選択が可能である。ここでは、出発点になる試みのひとつとして、筆者が「環境思想の三原理」などと呼ぶ「環境持続性、社会的公正、存在の豊かさ」という3つの原理を環境教育のプラットフォームに置く可能性について検討しておきたい。

　1992年、ブラジルのリオ・デ・ジャネイロで「環境と開発に関する国際連合会議」(「地球サミット」)が開催された。そして、政府間会議に並行して、「グローバル・フォーラム」と呼ばれる地球市民会議も開催され、そこには世界各地で環境保全や自然保護、貧困への対応、地域コミュニティの再生などに取り組む市民組織の代表たちが集まった。会場では、これからの世界のあり方について活発なやり取りがなされた。現在、46のテーマをもつ合意文書の形にまとめられている「NGO オルタナティブ条約」は、そこでのやり取りから生み出された成果のひとつである。これらの議論やオルタナティブ条約をめぐるやり取りは、筆者がこの三原理を強く意識する機会となった。

　グローバル・フォーラムにおける議論では、特に南の NGO の代表者たちが「社会的な公正」を強く主張し、説得力のゆえにその場の流れをつくり出すことになった。結果として、生態系にとって健全で、その観点から持続可能であ

るといった表現と、社会において正義が実現され公正さが担保されるといった表現とがセットで使われるようになった。そして、共有され究極的に実現されるべき目標は、人間を含む全生命が尊重される社会の実現であるという合意が形成されていった。それは、たとえば、オルタナティブ条約のひとつである「持続可能な社会とグローバルな責任のための環境教育に関する条約」の文言にも明示的に表れており、現在でも確認することができる。[17]

　前段にみた関心は様々な形で表現することができるだろう。筆者は、これを「環境持続性、社会的公正、存在の豊かさ」という３つの課題として理解した。地球サミットを機に世界各地からリオの地に集った市民セクターの代表者たちが長時間にわたる忍耐強いやり取りの末に合意に達したひとつの結論であり、それなりの普遍性を付与されたものと考える。そして、環境倫理や環境哲学を含む環境思想においても、致命的な矛盾や決定的な対立を生じさせるものではない。環境教育を含む様々な取り組みが、当面の達成目標として共有できるものとして一定の認知を得たものであると理解できる。

　次に、この３つの課題を環境教育のプラットフォームに置くことの意味を考える。すでに見たように、持続可能な社会の実現に向かっていくことが環境教育にとり一定の範囲で共有できる合意事項であるなら、これらの課題は、環境思想・環境倫理・環境哲学の成果から見ても、世界の環境社会運動が目指す方向性から見ても、環境教育の多様な取り組みが共通して支持することのできる方向を示すものと考えられる。しかし、自明のものとして言わずもがなのことで、特に取り上げて確認するまでもないことかと言えば、全くそうではない。環境教育の取り組みのなかで広く共有できる価値ではあるが、現在、環境面で持続可能であり、社会的に公正さが保障され、一人ひとりの生きる豊かさが実現され人間以外の生命も相応に尊重されているかと言えば、そうでないことは明らかなのである。最大の環境社会問題と考えられる気候変動問題ひとつを取り上げても、この事情は具体的かつ容易に理解できる。

　加えて、この３つの課題に向かって環境教育の営みが着実に歩を進めているわけでないことも明らかである。これら３つの課題が相当程度達成されたと言える状況が作り出され、持続可能な社会が一定の範囲で「実現された」と言え

る状態は、現在の私たちの社会の状況から見れば「思いもよらない」と言えるほどかけ離れたものであり、真に実質を伴う移行は、相当の覚悟を要するものになるからである。このきわめて大きな段差の存在もまた、気候変動問題の解決を現在の社会の状況から考えると具体的に理解できよう。現在の政治や経済、私たちの基本的な価値観といった既存の枠組みをそのままにしての対症療法や弥縫策で事足りることはないのである。現在の私たちの「あたりまえ」を、ネスも言うように、「深いところから問い直す」こと、そして根底からの改革が求められるのであろう。言うまでもなく、環境教育もこうした取り組みや考え方と無縁でいるわけにはいかない。

　このように、環境持続性・社会的公正・存在の豊かさの3つの課題は、共有はされうるが、現実の取り組みに実質ある形で反映することは相当に難しく、持続可能な社会の実現を目指すという環境教育の取り組みとのかかわりにおいて最も重要な問いを具現化するものになっている。テサロニキ宣言が求める環境教育の社会的関心も、日本の環境教育が抱える脱政治化・脱社会化への批判的考察も、ここに無理なく含まれる。3つの課題は、実現していない、その意味で「課題」として常に意識されることが求められる「必要」といえる。以上に見たことが、これらを環境教育のプラットフォームに置くことを適切と考えるゆえんである。

6　「環境教育のプラットフォーム」から環境教育学を拓く

　「インシデンタル・ラーニング（副次的・付随的に起こる学び、incidental learning）」という学びの形態は、環境教育においても、重要度が高い。この学びが実際に起こっていることを、私たちは日常的に経験している。ボランティアとして、高校を訪問し地球温暖化問題に関する環境教育プログラムを実施した大学生は、実際のところ、一義的には高校生が地球温暖化問題について学ぶことを目的としているその授業で、多くの経験をし、様々なことを考え、思いがけない学びと成長の機会を得て大学に戻ってくる。環境教育のプラットフォームがいかなる理由をもってどのような項目で構成されるとよいのかを考え、広く他の

人々とのやり取りのなかで検討を重ねていくことは、この大学生の高校訪問講義と同様に付随する効果が重要で、そのまま環境教育学を拓いていくことにつながるのではないか。一義的にはプラットフォームづくりの取り組みではあっても、まさにそのことが、環境教育学を内容の豊かなものに発展させていく、ひとつの契機になるのではなかろうか。

　たとえば、前節にみた３つの課題についても、その相互関係を考察の対象にすることは、環境教育のこれからの発展にとり有益であろう。こうした考察は、環境教育の本質にかかわる検討になるという重要性に鑑み、環境教育学を拓く実質を生み出すことにつながるのではないか。筆者は、以前、３つの課題は、その意味の次元において対等の項目が並んでいるのではなく、究極的な達成目標が「存在の豊かさ」であり、「環境持続性」と「社会的公正」はその達成のための前提条件になるものと考えていた。しかしながら、ある指摘を受けて、その考えを基本的に改めるに至った。環境教育ともかかわりの深いボランティア運動ひとつをとっても、生きることの充実があり、それが環境持続性や社会的公正の実現に寄与する事例は容易に想像できるからである。３つの課題の相互関係は、さきに一人で考えていたように単純なものではない。他者からの指摘を受けてこそ、考えを発展させることができる。開かれたやり取りも含め、この相互関係にかかわる考察をさらに深めていきたい。そして、その成果を次には環境教育の取り組みに反映させるべく、この相互関係の研究をさらに進めていく。目の前に豊かな領域が広がっていることを確信している。

　加えて、「存在の豊かさ」そのものを環境教育とのかかわりにおいて深く掘り下げていく考察も十分な発展性を持つ取り組みになるだろう。本書の編者である今村光章が唱える「環境教育人間学」[20]とのかかわりで、この探究は重要な研究になりうる。そして、今村が環境教育を論じる際に理論的な枠組みのひとつとして援用する、エーリッヒ・フロムの「『在る』("to be")という存在様式」(「『持つ』("to have")という存在様式」に対比)といった概念との関係も明らかにされることが望まれる[21]。「『在る』存在様式」を、なんらかの有用な形で環境教育のプラットフォームに位置づけることもできるだろう。「『在る』存在様式」は、「存在の豊かさ」にもかかわる人間形成といった課題を考える際に

は、とりわけ重要な概念として、その役割を果たせるものと考える。「存在の豊かさ」とは何かをリアリティを持って伝えることは、環境教育学の重要な仕事のひとつであるとも言えるだろう。

　環境教育の歴史的な検証、取り組みや理念の構造的研究、これらの新たな理解につながる概念の創出など、今日、環境教育学に求められることは大変に多い。昨今の世界における環境教育の重要な役割に鑑み、本格的に環境教育学を拓いていくことが、いま強く求められているものと考える。

【注】
1）　1997年、ギリシャで開催された国際会議「環境と社会 ― 持続可能性のための教育とパブリック・アウェアネス」で採択された宣言。支配や貧困、人権や平和といった環境教育が持つ社会的側面の重要性を強調し、その重要性ゆえに「環境教育」は「環境と持続可能性のための教育」と呼び換えてもよいのではないかといった指摘もなされた。ユネスコのウェブサイト（http://unesdoc.unesco.org/images/0011/001177/117772eo.pdf, last visited 28 September 2015）参照。
2）　井上有一 2009「環境世界論——エコロジーを越えて」清水哲郎編『岩波講座哲学08 生命／環境の哲学』岩波書店、3章67-85頁を参照。
3）　ディープ・エコロジー運動については、アラン・ドレングソン、井上有一編 2001『ディープ・エコロジー——生き方から考える環境の思想』井上有一監訳、昭和堂を参照。特にエプロン・ダイアグラムについては、同書2章、アルネ・ネス「エプロン・ダイアグラム」42-44頁を参照。
4）　野村康 2015「日本における環境教育研究の特徴と課題」環境教育25（1）、82-95頁。直接引用は88、90頁。
5）　「憲章」六原則として、現在、「エコロジカルな知恵、社会的公正、参加民主主義、非暴力、持続可能性、多様性の尊重」の6項目が挙げられている。Global Greens のウェブサイト（https://www.globalgreens.org/, last visited 28 September 2015）参照。「グローバル・グリーンズ憲章（日本語版）」（https://www.globalgreens.org/sites/globalgreens.org/files/GG_charter_2012_japanese.pdf, last visited 28 September 2015）（pdf ファイル）に「憲章」の邦訳がある。
6）　See, e.g., William R. Catton, Jr. and Riley E. Dunlap, 1980, "A New Ecological Paradigm for Post-Exuberant Sociology," *American Behavioral Scientist*, Vol.24, pp. 15-47.
7）　日本学術会議「原子力の研究と利用に関し公開、民主、自主の原則を要求する声明」（1954年4月23日、第17回総会）。日本学術会議のウェブサイト（http://www.scj.go.jp/ja/info/kohyo/01/03-02-s.pdf, last visited 11 January 2016）。
8）　原子力基本法（昭和30年12月19日法律第186号）。総務省行政管理局のウェブサイト

(http://law.e-gov.go.jp/htmldata/S30/S30HO186.html, last visited 11 January 2016)。
9）　吉岡斉 2011『新版 原子力の社会史　その日本的展開』朝日新聞出版を参照。
10）　Die Grünen, 1983, "Das Bundesprogramm", website Heinrich-Böll-Stiftung, Die grüne politische Stiftung, https://www.boell.de/sites/default/files/assets/boell.de/images/download_de/publikationen/1980_001_Grundsatzprogramm_Die_Gruenen.pdf, last visited 15 January 2016. 特に四原則については、4 - 5 頁を参照。
11）　Bündnis 90/Die Grünen, 2002, "Die Zukunft ist grün.: Grundsatzprogramm von Bündnis 90/Die Grünen", website Heinrich-Böll-Stiftung, Die grüne politische Stiftung, https://www.boell.de/sites/default/files/assets/boell.de/images/download_de/publikationen/2002_003_Grundsatzprogramm_Buendnis90DieGruenen.pdf, last visited 15 January 2016. 特に、9 -15頁を参照。
12）　アルネ・ネス、ジョージ・セッションズ 2001「ディープ・エコロジー運動のプラットフォーム原則」ドレングソン、井上・前掲書（注 3）、4 章。プラットフォーム原則全文が76頁に掲載されており、続いて項目ごとの説明がなされている（77-82頁）。
13）　See, e.g., David Rothenberg, 1987, "A Platform of Deep Ecology," *The Environmentalists*, Vol. 7, pp. 185-190; Frederic L. Bender, 2003, *The Culture of Extinction: Toward a Philosophy of Deep Ecology*, Humanity Books, pp. 448-449.
14）　ネス、セッションズ・前掲論文（注12）、75頁。括弧内の注記は井上。
15）　より詳しくは、井上・前掲論文（注 2）、3 章（特に三原理については72-75頁）を参照。
16）　Website The NGO Alternative Treaties: From the Global Forum at Rio de Janeiro June 1 -15, 1992, http://habitat.igc.org/treaties/, last visited 17 January 2016 から全46条約の全文を読むことができる。
17）　"5 Treaty on Environmental Education for Sustainable Societies and Global Responsibility", website The NGO Alternative Treaties, http://habitat.igc.org/treaties/at-05.htm, last visited 17 January 2016.
18）　詳しくは、井上有一 2009「アルネ・ネスにとり『ディープ・エコロジー運動』とはなにであったのか」環境思想・教育研究 3 号、10-17頁を参照。
19）　環境教育理論研究会 Group 'Genesis' 第 3 回研究会（キャンパスプラザ京都、2013年11月23日）における宮崎康子の指摘。
20）　井上有一・今村光章 2012「環境教育の深みにあるもの」井上有一・今村光章共編『環境教育学――社会的公正と存在の豊かさを求めて』法律文化社、終章、196頁。今村が編者を務める本書13章 3（1）も参照のこと。
21）　今村光章 2005「エーリッヒ・フロムの思想と持続可能性に向けての教育――『ある存在様式』と社会変革論の視座」今村光章編『持続可能性に向けての環境教育』昭和堂、5 章を参照。今村が編者を務める本書 1 章 3（3）、13章 2（1）も参照のこと。

第3章 自然保護教育と環境教育の連続・非連続問題から環境教育学を考える

降旗　信一

1　連続・非連続問題とは何か

(1)　日本環境教育学会20周年記念事業での提起

　連続・非連続問題とは、環境教育研究の核心課題（基本課題の核心を捉えた課題）として筆者がかつて提起した論点である。日本環境教育学会は、20周年記念事業として、学会誌「環境教育」において「特集　環境教育学の構築をもとめて」を41号から43号の3号にわたって掲載した。そこでは、「環境教育研究のあり方についての議論がほとんど行われなかった」という10周年記念誌の反省を踏まえ、「環境教育実践史としての環境教育」「『学としての構築』」「政策提言活動の基盤として」という3点を狙いとした特集が企画され、座談会（41号）、テーマ別総説と評論（41号、42号）、総括（43号）、資料（43号）の4つのアプローチがなされた。この特集の「テーマ別総説と評論」では、「1．自然保護教育と自然体験学習」「2．公害教育と地域づくり・まちづくり学習」「3．学校教育としての環境教育」「4．幼児教育・保育と環境教育」「5．食と農をめぐる環境教育」「6．海外から学ぶ環境教育」「7．ESDをめぐる環境教育」「8．ライフスタイルをめぐる環境教育」の8つのテーマにそって「系統的な研究史の記述」としての総説（各1本）とその総説に対する批判や補完としての評論（各2本）が掲載された。連続・非連続問題についての最初の提起は、このなかの2つの評論によってなされた。そのひとつは「2．公害教育と地域づくり・まちづくり学習」についての朝岡総説に対する安藤評論であり、もうひとつは「7．ESDをめぐる環境教育」による阿部総説に対する原田評論で

ある。安藤評論は、「本稿の課題は、公害教育に内在する論理が地域づくり・まちづくり学習への発展の契機を持つものであり、持続可能な開発のための教育（ESD）への展開を可能にするものであることを明らかにすることである」という朝岡総説の課題設定に対し、「（それはひとつの問いのたてかたではあっても学会20周年の研究史総括のテーマに押し上げてしまうと）テーマ同士の間で様々な不整合が生じてしまうのではないか」と指摘した上で、「例えば、「自然保護教育と地域づくり・まちづくり学習」というテーマを設定しなくてよいのか、また「自然保護教育と自然体験学習」の「と」と同じであるのかどうか」といった具体的な疑問を呈した。一方、原田評論では、「ESDは国内の教育実践と離れた場所で企画されトップダウンで現場に導入された」ことから「環境教育とESDの間に断絶があるように思われる」と両者の非連続性が指摘された。こうした問題提起を受けて、20周年記念特集号（43号）の総括において、筆者は「「環境教育とESDの連続・非連続問題」という現代的問題だけでなく歴史的には「環境教育と公害教育の連続・非連続」「環境教育と自然保護教育の連続・非連続」という「連続・非連続」問題が同時に発生しているのであり、さらにそれ以前の環境教育学会の出発時点の段階ですでに「環境教育と教育の連続・非連続」問題が発生していた」として、連続・非連続問題の存在を示唆した。

(2) 公害教育と環境教育の連続・非連続問題からの論考と本章の問い

この連続・非連続問題が、2015年の「環境教育」誌の特集「公害教育」において、安藤聡彦により「公害教育を問うことの意味」として取り上げられた。この論考で安藤は、連続と非連続の違いについて、「問題は「環境教育の歴史とは何の歴史」なのか、である」と前置きした上で、「それが環境教育という用語によって表現された学習活動や教育実践等の歴史であれば、公害教育も自然保護教育もその「前史」として位置づけられることになる。そこにおいて環境教育と公害教育は「非連続」なものとして認識される。それに対して、「環境教育の歴史とは、「環境教育的なもの」としての性質を有する学習活動や教育実践の歴史であるとすれば、公害教育／自然保護教育とは「連続」性を有す

るものとして理解される」と説明する。さらに「筆者（安藤）は「環境教育の歴史」とは教育の環境化（environmentalization）過程の理解である、と考えている」と後者の立場に立つことを鮮明にした上で、「「戦後日本公害教育史」の解明とは日本における「環境教育の歴史」の独自の成立過程を明らかにする作業」として公害教育研究の意義を述べている。安藤の示したこれらの記述を筆者なりに理解すると図表1のようになる。

このように公害教育と環境教育の連続・非連続問題を切り口として環境教育学の構築に向けた議論が展開しているが、図表1を眺めていると、改めて「では自然保護教育はどうなのか」という疑問が生じてくる。具体的な問いとしては次のような事になるであろう。

問1．自然保護教育にも、「環境教育的なもの」としての性質を有する学習活動や教育実践の歴史が存在するとしたら、（特に公害教育との関係から見て）それを特徴づけるものは何か？
問2．そのような「自然保護教育の歴史」は、「日本独自の環境教育の歴史」と言えるのか？　あるいは言えないのか？

本章では、自然保護教育と環境教育との連続・非連続問題の検討を手がかりに以下でこの問いを手がかりに環境教育学とは何かを論じてみたい。

図表1　公害教育と環境教育との連続・非連続問題から導かれる環境教育の歴史

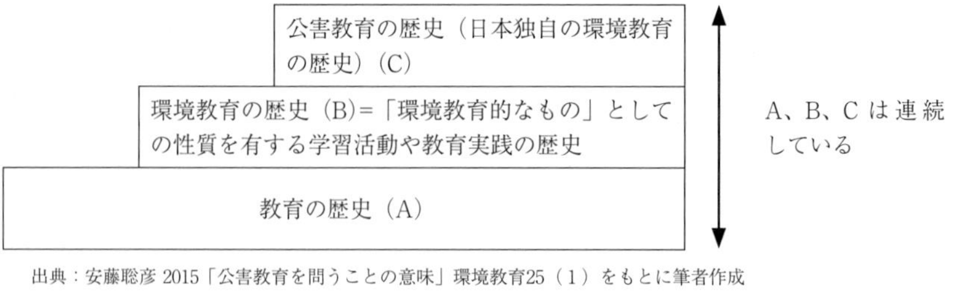

公害教育の歴史（日本独自の環境教育の歴史）（C）	A、B、Cは連続している
環境教育の歴史（B）＝「環境教育的なもの」としての性質を有する学習活動や教育実践の歴史	
教育の歴史（A）	

出典：安藤聡彦 2015「公害教育を問うことの意味」環境教育25（1）をもとに筆者作成

2　自然保護教育研究の到達点

(1)　自然保護教育の初期段階

　日本の自然保護教育の源流と展開について、伊東静一と小川潔が、2008年に「(1)中西悟堂と日本野鳥の会」、「(2)下泉重吉の自然保護教育」、「(3)金田平・柴田敏隆の自然保護教育」、「(4)自然保護教育と自然教育」との4つの項により説明を行っている。日本の自然保護教育の源流としては、まず、「飼う」、「捕まえる」、「食する」というそれまでの野鳥を取り巻く慣行のもとで、「野の鳥は野に」という主張を掲げ、野鳥は一個人の所有物ではなく国民の感情生活に潤いを与えるものだとした中西悟堂がいた。中西悟堂と彼が創設した日本野鳥の会は、仏教的世界観を背景としてバードウォッチングという西欧風の自然接触法を日本文化として根づかせた。そして、中西らの民間レベルの自然観察会と、下泉重吉を中心とする伝統的生物教育とその生態学重視の革新の流れが自然保護教育の出発点にあったという。自然保護教育は、その後、柴田敏隆、金田平により1955年に始まった「三浦半島自然保護の会」や青柳昌宏、浜口哲一、小川潔らによる、「緑ヶ丘自然観察会（東京都調布市）」「日本自然保護協会」「自然観察会」「大阪自然教室」「兵庫県自然教室」「多摩川の自然を守る会」などを通して、生態学的自然の知識普及とフィールドマナーの確立など人と自然の距離を縮める役割とともに、自然観察会指導者養成や自然保護運動の進め方などのノウハウを広げる地域自然観察会運動として1970年代に全国に広がったというのが、小川潔らにより描かれた自然保護教育の初期段階のイメージである。

(2)　自然教育の扱いをめぐる議論

　ここで、自然保護教育を特徴づける議論として「自然教育」との対比がなされていることに注目したい。金田平は、自然保護教育は、自然保護を基調とした自然への態度を育てるものであるから、自然保護というベクトルを持たない自然教育（筆者注：現在もそうだがたとえば学校での理科の授業は自然を扱うが必ず

しも自然保護を目的にしているわけではない）は、自然保護教育ではないと考える。小川潔も自然の事象を、その置かれている環境や人間との関係を断ち切ってそれだけを扱う自然教育では自然保護教育にはならないと考え、自然だけを野外から切り離して観察するのではなく、自然が存在している地域を人間社会や文化を含めて総体として観察対象とするスタイルを重視した。さらに自然教育と自然保護教育を明確に区別する立場からは、自然観察会もその批判の対象となり、自然保護教育とは、（自然観察ではなく）たとえば署名集め、行政や議員への対応方法、法的背景、経済や法制度など環境を損なうメカニズムを含めて運動の方法を学ぶことだといった対案も出たという。こうした一方、下泉重吉らに代表されるように、自然の仕組みを理解すれば自然を保護するようになる、したがってまずは自然の仕組みを知ることから始める必要があるという、自然そのものの価値に依拠した楽観論（小川潔）も存在した。さらに1960年代末から、実際に自然のなかで遊んだ体験のない子どもたちに自然の仕組みや働き、日常生活と自然との関係といった自然保護教育プログラムを実践しても、何の行動も反応も得られないという実践面での課題が認識されるようになり、東京教育大学野外研究同好会の高尾自然教室の実践者たちの議論のなかで、1970年に、それまでの動植物の名前や自然の知識の伝授を行った自然保護教育より以前に、木に登る、やぶをこぐなどの自然の存在を知らしめる体験を与えることが先決であるとの路線変更がなされた。小川潔は、ここに自然体験学習の萌芽があったとしている。自然体験学習も含め、ここで議論されている自然教育は、いずれも自然保護を目的として始まった実践だが、その方法、とりわけ自然教育の意義の是非をめぐっては考え方の違いがあった。

(3) 自然保護教育の歴史的展開——自然史（誌）学習と自然体験学習

　自然保護教育史研究としては、前述の伊東静一と小川潔の研究に続き、日本環境教育学会20周年記念学会誌特集号の「テーマ別総説と評論」のなかで小川潔が「1．自然保護教育と自然体験学習」の総説を担当した。このテーマの設定には筆者も関与しているが、その設定意図は、両者（ここでは「自然保護教育」、「自然体験学習」）の関係性の説明を含めてその扱いを総説論者の手に委

ねらいとの判断であったと記憶している。小川自身が「1978年、(中略) 日本自然保護協会内に、自然観察指導員養成制度がつくられ (中略) この時期が、自然保護教育の一定の到達点と言える (中略) 一方で、この頃から環境教育という名称が急速に広まり、自然保護教育も公害教育も人々の意識から消え始めた」[5]と述べているように、「環境教育」という用語の登場とともに「自然保護教育」という用語を使う機会が減少を始め、それとともに自然体験学習(あるいは自然体験活動)が盛んになってきたとの認識が筆者にもあった。

このような企画者(筆者ら)の意図を受けて、この総説を担当した小川潔は、総説のタイトルを「自然保護教育の展開から派生する環境教育の視点」[6]とし、その構成を「自然保護教育の初期段階」、「自然保護教育と自然史」、「自然保護から生まれた自然体験学習」、「自然観察会から導かれる環境教育の視点」という4つのトピック(節)として論じた。小川はここで明確にそう断じているわけではないが、この節のたて方から見ると、小川の論は「中西悟堂と日本野鳥の会」、「下泉重吉」、「金田平・柴田敏隆」といった自然保護教育の初期段階が1970年代後半で1つの到達点に達した後の展開として、自然史学習と自然体験学習という2つの流れの存在を示唆しているようにも見える。少なくとも、「自然保護から生まれた自然体験学習」以外にも1980年代以降、今日までいくつかの自然保護教育実践や研究が存在することが明確に示されている。それは、この2009年の小川総説の4年後に刊行された学会誌53号特集「自然保護教育・自然体験学習における生涯学習」の総括論文[7]によれば、沼田眞の自然誌教育、三浦国彦の北海道自然地誌教育、浜口哲一の「自然を趣味にする人を増やす」教育、守山弘の「人間の生活と結びついた自然の歴史性」の教育、浜口・小川・倉本宣らの「市民の科学(枚挙の科学)」教育、そして小川潔自身の「地域の歴史文化とむすびついた自然」の教育実践と研究であり、さらに自然体験学習も含め、これらは自然保護教育の枠組みが拡大したものとして説明されている。

(4) 自然保護教育の存在意義としての生態学的持続可能性

学会誌53号特集「自然保護教育・自然体験学習における生涯学習」は、日本

環境教育学会誌20周年特集号のテーマのひとつであった「自然保護教育と自然体験学習」を発展させることを趣旨とした3年間のプロジェクト研究のまとめとして刊行された。その経緯と成果概要をまとめた伊東静一は、自然保護教育が、自然保護という固有の価値観に基づいている点に特徴があり、環境教育研究のなかで固有の領域として研究を継続させる必要があることが確認されたと述べている[8]。この自然保護教育の存在意義の議論は、2011年の日本環境教育学会青森大会でのプロジェクト研究セッションの場で「自然保護教育が環境教育一般と同義と捉えたとき、自然保護教育の存在意義はないのではないか、自然保護教育が環境教育の中でもつ独自性は何か」という指摘として参加者より提起されたものである。小川潔は、その答えを「自然と直接かかわる分野であるという事実」、「生態系の中での人間、自然と人間との関係」、「人間生活とのかかわり＝利用を念頭にしたConservationという概念」などとし、さらに「これらは生態学的持続可能性と置き換えられる」としている。生態的持続可能性とは、短期的スケールでは、不可逆的開発とは異なる、可逆的な平衡の積み重ねによる緩やかな変化であり、人間が自然とかかわるとき、系の安定性、持続性を維持するためには、利用に可逆性を持たせ、安定な状態が確保されていた時点に戻りうるよう、復元ポイントづくりとそこへ戻る勇気が必要であり、すなわちこれらは保全生態学でいう順応的管理とつながる視点だという[9]。こうした自然の利用や管理のあり方が環境教育における自然保護教育の存在意義としての特徴である一方、翌年2012年の東京大会のプロジェクト研究セッションでは、「ライフストーリーと自然保護教育・自然体験学習（野田恵）」、「『自然』学習の再考～センスオブワンダーと震災体験（鈴木善次）」、「伝承と自然保護教育・自然体験学習～人と自然とのかかわりの多義性（小栗有子）」といった報告が行われているように、自然のなかで暮らす人の文化のあり方が論じられている。

3　問1の検討——自然保護教育を特徴づけるもの、そして公害教育との関係性

(1) 公害教育＝「人との付き合い方」、自然保護教育＝「自然との付き合い方」と整理できるか？

　自然保護教育研究の到達点を概観したところで、改めて「自然保護教育にも、「環境教育的なもの」としての性質を有する学習活動や教育実践の歴史が存在するとしたら、（特に公害教育との関係から見て）それを特徴づけるものは何か？」という問いを考えてみたい。まず前節での検討結果を踏まえ、自然保護教育を、「自然破壊に直面し、それをストップさせようとする人々による生態学的持続可能性の維持・確保の教育として成立し、今日では自然の利用・保護のあり方のみならず、それを可能とする人間個人と社会・文化のあり方までも射程に含む教育」と仮説的に定義しよう。一方で、安藤聡彦は公害教育を「1960年代以降、公害問題ならびに人間の生命・健康に被害を及ぼす可能性のある環境・開発問題に直面した人々が、自己そして／あるいは他者の認識や行動の変革を目指して行った一連の学習・教育実践の総称」と定義している[10]。このような両者の比較を図表2のように示してみた。

　このような表にしてみると、環境（自然）破壊への対抗が中心となる学習課題となっていることは両者の共通だが、公害教育が環境破壊という問題への向き合い方を、社会的公正を軸とした人間や社会のあり方から捉えるのに対し、

図表2　公害教育と自然保護教育の比較

	公害教育	自然保護教育
成立時期	1960年代	1934年（日本初の探鳥会開催）
学習者は誰か	公害問題ならびに人間の生命・健康に被害を及ぼす可能性のある環境・開発問題に直面した人々	自然破壊に直面し、それをストップさせようとする人々
中心となる学習課題は何か	環境破壊（公害）にいかに抗するか⇒社会的公正をいかに確立するか	自然破壊にいかに抗するか⇒生態学的持続可能性をいかに確立するか

出典：筆者作成

自然保護教育では、生態学的持続可能性を軸とした自然の利用や保護のあり方から捉えようとする。換言すれば、環境破壊に抗する教育という面での共通性を有しつつも、公害教育は「人との付き合い方＝人—人関係（社会的公正）」のあり方を、自然保護教育は「自然との付き合い方＝人—自然関係（生態学的持続可能性）」のあり方を、それぞれの課題としてきたと記述することは可能である。そして、ここまでは、これまでにも指摘されてきたことである[11]。

だが、このように両者の特徴をそれぞれ記述するだけでは、この両者の関係性はわからない。なぜ、同じ環境破壊に抗する教育でありながら、ふたつの異なるアプローチがなされてきたのか。つまり「環境教育の源流としての自然保護教育と公害教育」という理解を前提としたときの、この両者の関係性についての説明が求められよう。

(2) 人—人関係としての「コミュニケーション」と人—自然関係としての「労働」の起源

この事を考える上で、手掛かりになるのが環境哲学を専門とする尾関周二ら[12]の研究である。「言語的コミュニケーションと労働の弁証法」という尾関の主著のタイトルに示されるように尾関は、「言語的コミュニケーション」と「労働」が人間活動のうちの主要なふたつの対照的に異なった活動論理の形態であることを確認した上で、それらが人間活動に固有な「共同化」と「対象化」という特質をともに持ち、一方は他方を本質的契機として含む点で、同じ人間活動のふたつの形態であると説明する[13]。広汎にわたる尾関の論考をこの場で要約することは不可能だが、本章の問題意識にそくして両者の理解について筆者なりにまとめると以下のようなこととなる。

まず労働についてである。「厚生労働省」などという言葉から、労働は人間社会のなかの機能を示す言葉と受け取られがちだが、本来の労働の意味は、生産に向けられる人間活動のことであり、さらに言えば人間が自らの生命を維持し、再生産するための、自然と関係する行為として捉えることができる（さしあたってのイメージとしては食糧確保のための農業を想起すればよい）。

ここで注意しなければならないことは、人間以外の動物も「自らの生命を維

持し、再生産するための、自然と関係する行為」を行っているが、そうした行為と人間の行為との決定的な違いは、人間はそうした行為を集団的活動として行っているという点である。動物でもたとえばライオンの群れが集団的に獲物を狩ることは知られている。狩猟採集時代の人間の集団活動は、ライオンとそれほどの差はなかったかもしれないが、その後、農耕型定住社会を創出した人間の集団活動は動物のそれとは比較にならないほど複雑で組織化されている。こうした人間の「労働」とは、たとえば狩りのような直接的な取得活動としての労働のみを意味するのではなく、それを核としつつ、その前後における仕事の配置や獲物の分配をめぐる交渉活動も含めた生活の過程全体を意味している[14]。そしてこうした労働の進化を可能としたものが言語的コミュニケーション（言語を介したコミュニケーション）の発生であり進化である。ここでのコミュニケーションとは「伝達」的意味合いと「交わり」的意味合いの双方を併せ持った人間の社会的行為である。人類の歴史のなかである時期、言語が発生し、それは意識の発生とも深く結びつく形でその後の人類史に決定的な影響を与えた。この言語の発生と先に示した労働の発生（労働も集団的組織的な社会の形成とかかわって人類史のある時点で発生したと考えられている）とが深く結びついている。ここで「労働」と「コミュニケーション」のどちらを先に記述すべきなのか、より原理的に言えば人間形成の歴史においてどちらが先だったのかについて、エンゲルスが「労働」を先としているのに対し、尾関は「言語なしに人間としての労働は成立しえない」として「言語」を先としている。この点は再度検討する必要があるがひとまず本章では尾関のこの説を取り入れ、人間―人間関係としてのコミュニケーションを先に記述している。

(3) 環境問題の根源としての「コミュニケーション」と「労働」の疎外、そして解放のイメージ

尾関は、このように人間活動としての労働と言語的コミュニケーションとを捉えた上で、「労働」をキーコンセプトとする哲学思想と「言語やコミュニケーション」をキーコンセプトとする哲学思想は本質的な仕方で交差することはこれまでなかったとし、この両者を連関させるところに今日の人間を取り巻

く諸問題（それを尾関は環境問題として捉えている）への議論の糸口を見出そうとする。今日の環境問題の発生は、産業革命以降の近代化により引き起こされたものと考えられるから、上記の労働とコミュニケーションの問題が近代化以降にどう変化するかに着目する必要がある。そこで尾関が着目するのは「労働の疎外」である。疎外とは、人間が作ったもの（商品・貨幣・制度など）が人間自身から離れ、逆に人間を支配するような疎遠な力として現れることを言う。人間本来の労働がその人間の自己を確証し発展させるものであるのに対し、初期マルクス（経済学・哲学草稿）は、社会の階級関係により労働の産物が資本家のものになってしまうと説明した。尾関はこのマルクスの商品生産労働の理解をさらに発展させ、（労働が人間と自然の物質代謝関係を媒介するものとの理解からすると）「労働が生産物を商品として価値化させる行為である」という理解そのものが、「労働の疎外」を引き起こしていると捉える。わかりやすく言えば、今日の社会では、たとえば、ある土地の農業により、生産者が100万円分の作物を育てるとする。この100万円は、商品として市場（人間社会）により評価された価値だが、この「作物を育てる」という労働に対する価値を100万円（市場により評価された価値）としてしまうという時点で、すでに疎外が起きているとの指摘である。なぜなら、この100万円という価値は、その生産にあたってなされた人間と自然の物質的代謝関係のすべてを反映させたものとなっていないからである。このような疎外により、自然は人間的欲求を充足させる源泉であるよりも、貨幣欲求を充足させる源泉とみなされるようになる。このように人間と自然との物質代謝が商品形態をもって行われることが今日の公害や自然破壊の根本要因である。

　一方、現代におけるコミュニケーションの疎外についても近代化批判の諸論者のなかで議論がなされている。たとえばハーバマスの「コミュニケーション的行為の理論」において説明される「歪められたコミュニケーション」の説明はそのひとつである。中世からの「脱魔術化」を伴って進行してきた近代社会の合理化は、その過程で目的合理的行為を基礎にし、貨幣と権力を媒体とする市場経済と近代国民国家（官僚制）という社会（システム）を生み出し、本来言語を媒体としてコミュニケーション的な了解を図らねばならない生活世界の領

域に貨幣と権力を媒介とするシステムが侵入していく（システムによる生活世界の内的植民地化）問題として指摘される[15]。これ以上詳しく説明する余裕はないのだが、もっとも重要なことは現代社会には人間存在を危うくさせる「みせかけのコミュニケーション」が多数存在しており、我々は、こうしたものと「本物のコミュニケーション」とを見分ける必要があるという点であろう。

　尾関は、以上のような「労働」と「コミュニケーション」の疎外を指摘した上で、この両者の疎外の連関を、マルクスが「ドイツ・イデオロギー」のなかで「交通」概念（ここでは、「ある社会形態のもとで、諸個人が互いに物質的・精神的に交わり、通じること」と説明される）を示した上で、未来社会を展望した際、上記の意味での「交通」における解放が「労働」における解放に対応していると明言していることを指摘する。尾関はこのような両者の連関を現代における疎外からの解放のひとつのイメージとして捉えるのである[16]。

　本節では「自然保護教育にも、「環境教育的なもの」としての性質を有する学習活動や教育実践の歴史が存在するとしたら、（特に公害教育との関係からみて）それを特徴づけるものは何か？」という問いに対し、公害教育＝「人との付き合い方」、自然保護教育＝「自然との付き合い方」の教育と大きく整理して捉えた。その上で、両者は、人―人関係としての「コミュニケーション」と人―自然関係としての「労働」という人間活動のふたつの形態に対応するものであるとともに、一方は他方を本質的契機として含むものであることを示した。公害教育も自然保護教育もどちらにも現場の実践者のやむにやまれぬ実践的動機から発生したいわば教育実践運動だが、このふたつの潮流はその本質を「労働の疎外」への抵抗、「コミュニケーションの疎外」への抵抗と理解すれば両者は内的に連関していると見ることができる。環境教育研究にはまさにこのふたつの潮流の内的連関をより具体的に明らかにすると同時に、その疎外からの解放（今日的問題への向き合い方）のイメージを実践と理論の両面から模索することが求められると言えるだろう。

　（もちろんこうした大胆な仮説の立て方には異論があろう。だが筆者の知る限り、「公害教育と自然保護教育を環境教育の源流」とする見方は数多くなされてきたが、その根拠を理論的に説明する論者はこれまでいなかったと思われる。その意味において今後の

環境教育研究者からの反論や対案の提起を期待したい。)

4　問2の検討——「自然保護教育の歴史」は、「日本独自の環境教育の歴史」と言えるのか？　あるいは言えないのか？

(1)　比較環境教育研究の到達点

　この問2の設定のモチーフは、安藤聡彦が、公害教育を「日本独自の環境教育の歴史」と説明したことを契機としている。「日本独自の」と言うからには他国との比較の視点が不可欠で、この点を含め、比較環境教育論として別の機会にあらためて論じるべき大きなテーマとも言えるが、本書の刊行の趣旨からみてこの機会に「日本独自の環境教育とは何か」について考察しておくことは価値があると思われるので、問題へのアプローチの糸口を示すという意味で以下にこの問題に触れておきたい。

　日本環境教育学会の設立趣意書(1991)には、「すでに外国からはアジアにおける環境教育の研究・情報センターの役割を日本に担ってほしいという要請も届いています」との記述があり、設立当初から国際交流について強く意識されていた。このような意識のもと、設立当初から、4つの委員会（企画、編集、広報、国際交流）のひとつとして、国際交流委員会が設置されており、国際シンポジウムなども開催されてきた。こうした研究者コミュニティとしての学会史のなかで、学会が自ら研究の到達点を確認したという点では、本章の冒頭で紹介した日本環境教育学20周年記念事業のなかで「6．海外から学ぶ環境教育」というテーマで総説・評論が執筆されたことに触れておく必要があるだろう。このときは、総説・評論ともに日本のモデルとなりそうな国（この特集では米国、英国、韓国）を選び、環境教育制度・実践・研究の現状の整理と日本への応用について提起するという方法がとられた。[17] それまでにまとまった形での海外研究全般についての先行研究の提示がないという問題点はあったもののモデルとなる外国の事例を詳細に調べ自国の制度や実践に活かそうという手法であった。こうした総説報告に対し、「海外の事例をそのまま導入しようとするのは明治初期の官僚制に近いのではないか？　今日の比較教育学では『比較』を超えて海外との共同作業も提起されている」との指摘がなされた。[18] 海外の実

践者や研究者との共同作業も含めた相互交流による新しい知見の創出なしには今後の比較環境教育研究の方向性は見えないというのがこの時点でのひとつの結論であったように思う。この議論がなされた2009年以降、日本環境教育学会は、韓国、台湾、北米、オーストラリアの各環境教育学会と交流協定を結び、協定学会の会員たちの間で、共同研究や共同実践のための共通基盤（プラットフォーム）についての可能性が検討されている。このような議論の場をより充実したものとするためにも、日本のみならず各国の環境教育を比較しながら、その共通性と独自性を議論することには意味があろう。そこで、以下に問2の問題を具体的に考えてみたい。

(2) 共通性と独自性のポイントと「比較」による課題意識の共有

　第2節で述べたように自然保護教育は日本のなかで独自の発展の歴史を有してきた。また第3節で示したように公害教育と自然保護教育とは「人との付き合い方」、「自然との付き合い方」という相互に深く連関する人間活動のふたつの形態に関わる学習活動や教育実践として発展してきた。問2の問題は、この発展の形態が、国や地域（地理的文化的な空間特性）によって異なるのか、もし異なるとすればどのように異なるのか（逆に共通性があるとすればそれは何か）、である。ここでの重要な論点は、日本と他国との環境教育史の共通性と独自性を分けるポイントがどこにあるのか、である。もし、このポイントを国家（政治組織）の違いにあるとするのであればもちろん日本国は独立国家なのだから他国とは異なるもの、すなわち日本の環境教育・自然保護教育は日本独自のものと理解されよう。一方、このポイントを自然的特性やそれを基盤に育まれた文化的特性と考えるのであれば日本と他国、とりわけ自然的特性において共通性を有するアジア諸国との間には環境教育においても何らかの共通性を有していると考えることができるであろう。なお、ここで注意しておきたいことは、我々が論じているのは環境教育という教育の一形態についてであり、教育は国家と深い結びつきを有しているという点で、国家間の違い（各国の独自性）を意識しておくことが不可避である一方、我々の考える教育を国家による公教育、すなわち公的制度の枠のなかだけで考えるのではなく、公教育の外側にあ

る教育的営みをもその射程として意識しておくべきという点である。公教育の外側にある教育というのは私的（市場化された）教育だけの事ではなく、それも十分に意識しつつ公と私の中間領域としての共（協）的領域としての教育を視野に含めて考える必要があろう。より具体的な例として示すのであれば、米国、日本、韓国、台湾および中国の一部の州では今日、環境教育を推進するための法制度が制定されている。こうした環境教育促進法について、各国間の比較を行うことは可能でその意義もあるだろうが、同時に我々はこうした制度の外側にある様々な動き、たとえば、災害や公害をめぐる各地域での取り組みの比較など、にも十分に目を向ける必要があるだろう。また「環境教育（さしあたっては安藤の言うようにそれを教育の環境化（environmentalization）過程と考えてよいであろう）」という営みが、自国のなかでいつ、どのような契機で始まったのかや、国際的には1972年の国連人間環境会議以降に世界の課題として共有化されたとする国際環境教育構想を各国がどのように受容したのか、それは各国内部でそれ以前の関連する教育や学習のあり方にどのような影響（変化）をもたらしたのかについて記述し、論じあうことが可能であろう。そこから、今日の地球規模の問題としての環境や持続可能性への共通の理解と課題認識が生まれるのではないだろうか。さらにこのことから環境教育における「場所 place」の意味を問い直すという議論に展開させられる可能性もあろう[19]。このような動きのなかで問2の問題を考えることの意義がより一層深まるであろう。

5 環境教育学とは何か

　これまで述べてきたことを踏まえて、環境教育学とは何かを述べるとすれば、筆者が（現時点で）考えるそれは、現代において「環境（化）」を決定的に重要なものと考える人々による教育や学習のための理論である。この場合の「環境（化）」とは、近代以降の「人との付き合い方」と「自然との付き合い方」のなかで生じた疎外に対抗し人間本来のあり方を追求しようとするものであり、環境教育は、前者の問題を強く意識した公害教育と後者の問題を強く意識した自然保護教育という2つの教育および学習の相互作用的な歴史として展

開されている。環境教育学の方法は、この歴史を地理的文化的共有圏（たとえばアジアなど）・国・地域などの特性に即してその独自性と共通性を記述することにあり、そうした過去（経験）の記述という実証的作業のなかから、次の（未来の）教育のあり方を見出すことにあると言えよう。

【注】
1) 降旗信一 2010「環境教育研究の到達点と課題」環境教育19（3）、76-87頁。
2) ここに示した文献はそれぞれ以下のとおりである。朝岡幸彦 2009「公害教育と地域づくり・まちづくり学習」環境教育19（1）、81-90頁。安藤聡彦 2009「コメント」環境教育19（1）、93-94頁。「環境教育研究の到達点と課題」環境教育19（1）、76-87頁。阿部治 2009「「持続可能な開発のための教育」（ESD）の現状と課題」環境教育19（2）、21-30頁。原田泰 2009「日本でのESDの理論研究の可能性」環境教育19（2）、31-32頁。
3) 安藤聡彦 2015「公害教育を問うことの意味」環境教育25（1）、4-13頁。
4) 伊東静一・小川潔 2008「自然保護教育の成立過程」環境教育18（1）、29-41頁。
5) 伊東・小川・前掲論文（注4）。
6) 小川潔 2009「自然保護教育の展開から派生する環境教育の視点」環境教育19（1）、68-76頁。なおこの小川総説に対する評論として以下に論考があるがいずれも小川総説の枠組みに対して大きく異議を唱えるものではないと筆者は理解している。小堀洋美 2009「保全生物学に立脚した保全教育の立場から」環境教育19（1）、79-80頁。比屋根哲 2009「自然環境教育と自然保護教育」環境教育19（1）、68-76頁。
7) 小川潔・伊東静一 2013「自然保護教育の原点と環境教育課題――論点整理と問題提起」環境教育23（1）、59-63頁。なおこの特集号では、小川潔、伊東静一のほか、蜘滝仙人、広瀬敏通、小玉敏也、小堀洋美、野田恵、小栗有子、村上紗央里、鈴木善次、井上真理子、関岡東生、比屋根哲らが、それぞれの立場から論考を示している。
8) 伊東静一 2013「生涯学習の視点からみた自然保護教育と自然体験学習――経緯と概要」環境教育23（1）、3-4頁。
9) 小川・伊東・前掲論文（注7）。
10) 安藤・前掲論文（注3）。
11) Daniella Tilbury *et al.*, 2003, *Education and Sustainability: Responding to the Global Challenge*（Daniella Tilburyほか『教育と持続可能性――グローバルな挑戦に応えて』降旗信一・小栗有子共監訳、レスティー、19-20頁）。
12) 尾関周二（現在、東京農工大学名誉教授）は、筆者もかかわっている東京農工大学大学院農学府の共生持続社会学専攻の設立メンバーの一人である。
13) 尾関周二 2002『言語的コミュニケーションと労働の弁証法――現代社会の人間の理解のために』大月書店。
14) 尾関・前掲書（注13）。

15) 尾関はハーバマスを詳細に検討しているが、その結果として「ハーバマスにおいては＜言語的コミュニケーション＞と＜労働＞の内的は積極的つながりの考慮が弱いように思われる」と指摘している。
16) 尾関・前掲書（注13）170頁。
17) 総説と評論はそれぞれ以下のとおりである。荻原彰 2009「アメリカにおける学力重視の教育改革と教育改革に対する環境教育の応答及び日本の環境教育への提案」環境教育 19（1）、129-138頁。水山光春 2009「英国における市民性教育研究の視点から考える環境教育」環境教育19（1）、141-142頁。諏訪哲郎 2009「東アジアにおける環境教育普及のために」環境教育19（1）、139-140頁。
18) 降旗・前掲論文（注1）。
19) 降旗信一 2016「環境教育思想研究への2つのアプローチ：アジアおよび世界との共同研究に向けて」環境思想・教育研究9号（刊行予定）。

第4章　環境教育の礎としての公害教育

髙橋　正弘

1　公害教育誕生の契機となる公害問題

　現代の日本の環境教育は、多様な実践、多様な取り組みとなって発展を続けている。その日本の環境教育の源流のひとつに「公害教育」の実践があった。今日の環境教育実践を検討する上で、その公害教育について見直しておくことは重要である。

　1950年代から1970年代までの期間は、産業構造の変化に伴う高度経済成長期と呼ばれ、日本はスピード力のある経済成長を達成することができた。しかしその一方で、重化学工業の急速な成長が環境に負荷をかけ続けることになった。そして一部の国民は公害がもたらす健康被害によって苦しみを受けるようになった。いわゆる公害病の発生は、その時期における日本社会の矛盾のひとつの現れである。

　熊本県の水俣湾周辺に、有機水銀中毒の症状を示す患者がたくさん出現するようになった。水俣病である。この他にも、新潟県阿賀野川流域に水俣病と同様の有機水銀中毒患者が発生し、富山県神通川流域にはカドミウムによって汚染された水や米をとっていた住民にイタイイタイ病が発生した。さらに三重県四日市では、深刻な大気汚染によるぜんそくや気管支炎が多発した。

　「一般の日本人で、自分自身を守ることを学んだ集団は、五〇、六〇年代の産業公害によって、自らの生命、生活、地域社会を破壊された人々であった」と評価されていることから[1]、これらの公害病の発生、つまり環境破壊が引き起こされたことによって発生した公害とそれによる病気の出現は、被害者の集団

をつくり出した。この時期の状況を整理したゴードンによれば、被害者たちは当初から「即時の補償・救済を求めたが、1950年代から60年代初めまでの時期の公害告発の努力は、実を結ばなかった」。つまり公害の発生に伴って公害被害に対する批判の声は上がってはいたが、それらの被害者の救済は当初は進まなかった。しかし次第に被害者による取り組みに変化が生じるようになった。

　各地に誕生した公害被害者グループによって、1960年代半ばから70年代初めにかけて「かずかずの強力な全国的ネットワークが構築」されるようになり、それらは「座り込みやボイコットなどの戦術を編み出し」、また加害企業を株主総会で批判し補償を要求するいわゆる「一株運動」も展開した。「さらには、補償を要求するための訴訟」を起こすなど、様々な抗議行動が行われるようになり、その結果「公害源の企業が自分たちには責任はないと言って突っぱねたり調査を妨害したりという態度」がとれなくなり、かつ公害の防止に比較的消極的だった地方自治体や国も、とても消極的なままではいられなくなっていったのである。

　公害が発生する地域の住民による公害に対するアクション、いわゆる公害反対運動には、様々な運動のタイプが見られた。たとえば「請願運動」によって、公害を発生させている企業や工場、そして公害発生源に対して行政指導を行いうる自治体などに対策や対応などの善処を訴えかけていく行動が行われた。そして「選挙運動」として、公害対策に高い関心を示している候補者に、自治体の首長や議員になってもらうような支援の活動が行われた。そして「直接行動」も行われた。この直接行動とは、集会の開催やデモ行進といった示威行動をすることであるが、場合によっては法律に触れてしまうようなきわめて先鋭的な行動もあった。この直接行動は、公害反対運動のアクションのなかでは最も強い批判を直接的に表現したものである。さらに「裁判闘争」が挙げられる。裁判闘争とは、公害によって健康被害を受けた人々が公害発生源の企業等を裁判で訴えていく活動であり、被害者以外もその裁判に協力し、被害者を支援していく活動である。公害裁判のなかで、いったいどういった環境汚染がどのような原因で引き起こされたのか、そしてその責任の所在はどこにあるのか、どのように解決を図るかなどについて、明らかにしようとしていく活動

である。

　これらの公害反対運動の延長線上に、いわゆる「公害教育」が誕生した。つまり公害反対運動というものの広がりのプロセスで公害教育が発生することになったのである。このことは、公害教育は、公害の発生に対して批判的な立場にあった公害反対運動であるということをも意味する。

　安藤は、この公害教育を「日本において、1960年代以降、公害問題ならびに人間の生命・健康に被害を及ぼす可能性のある環境・開発問題に直面した人々が、自己そして／あるいは他者の認識や行動の変革をめざして行ってきた一連の学習・教育実践の総称」と定義している。この定義は、取り組まれた時期を決定し、かつ実践主体を明確に示し、さらに内容の方向性を明らかにしている点で、公害教育の姿を明瞭に示すものとなっている。

2　公害教育が果たした役割

(1) 公害教育実践の始まり

　公害問題とともに発生した公害反対運動の一環として取り組まれた公害教育の教育実践は、公害の現場で開始された。具体的には公害が発生している地域の住民や、公害発生を予想させる工場などが建設される予定の地区住民によって、まずは自分たちの地区に存在する公害、もしくは今後発生が予想される問題を調査・把握し、それを学習していくという活動として開始された。これが公害教育の最も初期の段階の活動である。したがって公害教育は、まずは地域の課題に取り組む社会教育として開始されたという特徴がある。様々な地域の課題のなかで、その地域で発生している公害の課題を取り上げて調査したり理解したりするような学習への取り組みがなされるようになった。そのような学習が進むにしたがって、住民はそれまで知らなかった公害という事象がどのようなもので、その原因が何であり、責任や解決の主体はどこにあるのか、といった知識や情報を獲得するようになっていくことになった。そして公害についてある程度の知識や理解を持てるようになり、公害反対の運動を支えていった住民のなかには、学校教育の現場で教えている教師たちもいた。それらの教

師は、一市民として知ることになった目の前の公害の現実を、自分の職場である学校で、自分の受け持つ生徒に教えたいと願い、教える努力を開始するようになった。これが、試行的かつ自主的ではあるものの、学校教育のなかでの取り組みが開始されるという公害教育の次の段階である。このような公害教育の試行的実践は、日教組の公害教育闘争とも合流し、「教育課程自主編成運動」と呼ばれるようになり、ボトムアップでの公害教育の発展に寄与することになった。なぜならカリキュラムの基礎である当時の学習指導要領には、「公害」という課題を教える時間や教科等の枠組みが全くなかったからで、つまり学習指導要領や教科書にはまだ「公害」という用語の記載すらなかった段階で、一部の公害問題に対する意識の高い教員たちによって、自主的な教育実践研究の取り組みとして、なんとか公害についての学習をする時間を捻出したり、教材を自分で作成したり、指導を工夫したりするという活動が行われ、次第にそれらの経験の共有や蓄積が図られるにしたがって、全国レベルで公害教育が企図されるようになり、さらに公害教育が必要かつ重要であるということについての理解や共感も増大していった。

(2) 公害に対する人々の意識の変化

このように、社会教育や学校教育として取り組まれてきた公害教育によって、地域の具体的な公害についての調査や学習が行われ、教育的手段を通じてそれを共有していくという努力が積み重ねられ、いわゆる公害教育としての展開が拡充していくようになっていった結果、「公害」についての人々の意識が向上し、公害が問題であると人々が考えることができるようになっていった。

ここで、人々の公害意識がどのように推移していったかについて、四日市市の大気汚染公害のデータを検討したい（図表1）。グラフ中の縦棒が大気汚染の濃度を示し、折線が公的機関に寄せられた大気汚染に関する苦情件数を示している。この図表から、四日市市での大気汚染が悪化したピークは1968年頃である、ということがわかる。そして大気汚染への苦情件数がピークを示すのは、1972年頃となっている。

この傾向が日本全国でも同様であることは、図表2を見ればわかる。縦棒が

第4章　環境教育の礎としての公害教育

図表1　四日市市における大気汚染状況と公害苦情件数の推移

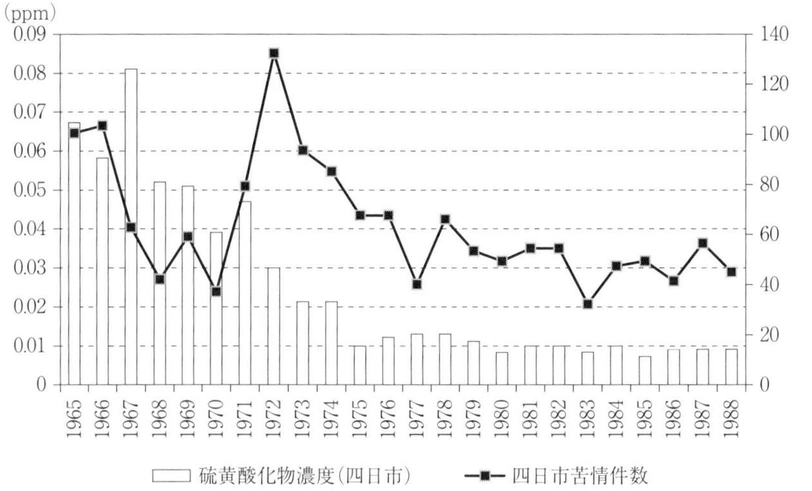

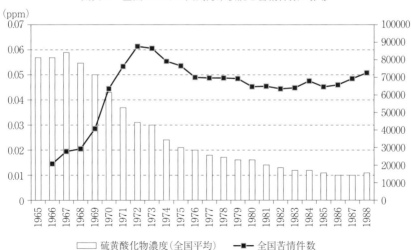

図表2　全国における大気汚染状況と苦情件数の推移

大気汚染濃度の全国平均の推移であり、折線が公的機関に寄せられた大気汚染に対する苦情件数の総数を示している。やはり1968年頃に大気汚染のピークが来て、そして大気汚染に対しての苦情件数のピークがやって来るのは1972〜73年頃となっている。

　四日市市および日本全国における大気汚染濃度の推移に関し、曲線を描くとすれば、どちらもそれが「環境クズネッツ曲線」を示していることがわかる。環境クズネッツ曲線とは、環境汚染は経済発展という時間軸に沿って次第に高まっていくが、ある程度経済成長が進むとある一点を境として次は経済成長しつつも環境汚染を低減していけるようになる、というものである。そしてこの環境クズネッツ曲線が大気汚染の場合に成立するのは、大気汚染がある時点で反転する契機として、大気汚染防止技術の革新が急速に進み、現実的に大気汚染の軽減化が進むからである。図表1と図表2で、大気汚染の濃度が1968年頃を頂点としてその後は次第に減少していくので、これらは環境クズネッツ曲線を示していると言える。

　ところでごく素直に考えてみると、大気汚染がひどくなっていく時期には次第に苦情件数が多くなり、最も大気汚染がひどい時点で苦情件数が最大化し、そして大気汚染が軽減していけば次第に苦情件数も少なくなっていくという推測をすることができる。しかしこれらの図表が示している事実は、大気汚染のピークが過ぎてしまい、ある程度被害が軽減した数年後になって、苦情件数の最大の高まりがやってきている、ということである。

　この苦情件数の高まりは、公害に対する市民の問題意識が向上したことにより、市民のなかに公害への忌避意識が高まっていくようになった結果によるものと考えられる。そして公害への忌避意識を市民が獲得するのに寄与したものが公害教育であるとすれば、全国レベルで公害教育が成立するようになったのは1968年から1973年頃の間ということになる。つまり公害教育が成立していくには5年程度の年数を必要とした、ということになる。その数年間の公害教育は、現実には公害の状況が一定程度軽減しているにもかかわらず、公害への忌避意識を増大させ、これ以上の公害は許さないという市民的な感性を醸成するのに寄与したという意味で、目をみはるものであったとも言える。

(3) 公害教育の経験と教訓

　公害教育は、そもそも公害問題が発生しなければ誕生しなかった教育実践であるから、各地域で明確な公害問題が発生し、それに対する公害反対運動が行われるようになり、その一環としての取り組みとして誕生したものであったこと、この点に注意し、日本の公害教育の経験を今日に活かすとすれば、環境に関する問題の発生が認められたら、当然様々な対応がなされるべきであるが、そのなかでも教育的な取り組みや対処については、その展開を急ぐことが必要である、ということになる。公害教育の取り組み開始から数年後にようやく意識の高まりが見られるという事実から、具体的な問題の発生が認められてからは極めてスピーディーに教育的な対処をしていく必要がある、ということを導き出すことができる。教育的な対応をスピーディーに行うということは、教育行政の動きに時間がかかるという現実がある中で努力しなければならないことであり、非常に困難な作業でもある。しかし公害教育の経験から、環境教育として、何らかの環境事象の発生に際しては素早い反応と対処をしていく、という心構えを持つことが重要である。

3　公害教育が制度化されたことの意義

(1) 「偏向」から「制度化」へ

　公害教育は、公害反対運動のひとつの姿として成立したものであるということは、公害教育の発生当初はいわゆるマージナルで孤立した教育実践であったということを意味する。この点に、公害教育が不幸な成立をしたという見方をした沼田[4]の指摘が意味を持ってくる。なぜなら公害教育が必要であるという発想を持って教育実践にあたっていた実践者や関係者は、当時の公的な教育に関する政策決定プロセスに参加することなく、現場のレベルで公害教育を組み立てなければならなかったからである。そもそも公害教育は、教育に関する政策決定が行われてはいない段階で、政策決定のプロセスを経ることなく、実践が展開されるようになっていったものであった。よって公害教育の初期の成立段階にあっては、そのような公害教育に対して、様々な批判がなされた。公害教

育の発生地のひとつである四日市では、1966年に当時の四日市市長が、「公害教育は偏向教育である」といった発言をしたという記録の存在は最もそのことをよく表すものである。これは1973年頃に公害教育の成果が現れる前の段階のことであり、公害教育がまだ制度化していなかったときのことである。「偏向教育」とは、いわゆる左翼の教育を指すものであるから、保守系の市長が公害教育は政治的に自身とは反対の勢力にあるセクトによって行われていると認識していた、ということを意味する。そしてこの市長による公害教育＝偏向教育という考え方には、公害反対運動や公害教育を忌避したい、という願望を読み取ることができる。

しかし公害という課題については、次第に教育行政にかかわる政策決定者も無視できなくなってきた。そして公害教育に関する議論や検討が重ねられるようになっていった。そして1967年になってその年に公示された学習指導要領に、初めて「公害」という教育課題が正式に位置づけられた。このことによって、公的な教育のなかにも公害教育が取り入れられ、公害教育の制度化が果たされることになった。つまり当初はマージナルな教育実践のなかで扱われていた公害という教育課題が、公式に学校教育に包摂されていったというプロセスが確かに存在したわけである。

(2) 制度化後も続く「不幸」

沼田の指摘する公害教育の「不幸」のもうひとつの側面は、公害教育が制度化した後にも見られる。公害教育が制度化され、学習指導要領が提示する教育課題として、学校で公害教育が行われなければならなくなったことについて、いわば公的な政策決定に参加することができなかった立場の、かつそれまで草の根で公害教育を開発し実践してきた立場の側からは、それらを「官許公害教育」もしくは「官製公害教育」と捉え、批判の対象としていったことにある。つまり公害教育をそもそも誕生させた側が、制度化した後の公害教育を批判するという立場になってしまったことである。

そもそも公害教育を誕生させた側の立場からすれば、公害教育が制度化される政策決定のプロセスに参加することができなかった、ということの意味は重

く、それが後々まで影響することになっていった。つまり制度化された以降の公害教育は、それまで自主編成などといった公害反対運動の一環として取り組まれた公害教育とは性質が異なるものとされ、ふたつの公害教育、ふたつの公害教育の見方が併存する状況となってしまったのである。このことが、公害教育が制度化されたことによって公害教育やその考え方が分裂してしまったという「不幸」の背景である。

しかしたとえそうであったとしても、公害教育が日本のそれまでの様々な環境教育の芽生えに先駆けて、公教育のなかに初めて制度化されたことの意味は大きい。なぜなら公害教育の成立と制度化によって、日本の環境教育の方向性が定まったからである。

制度化された公害教育は、それなりに教育上の影響力を発揮し続けるものとなった。たとえば今日の大学生段階の年齢層で、過去に日本に「公害」という問題があったことを全く知らない、という者はほぼいない。また「四大公害」という用語や「水俣病」という名称もほぼ全員が知っていて、それなりにそれらの内容についての知識も把持している。つまり公害教育が制度化されたことにより、すでに克服されたとみなされる公害という問題が、過去に日本に存在したということを広く一般に知らしめられるようになったという点で、公害教育は今日においても価値を帯びているのである。

(3) 今日の公害教育の問題点

しかし今日まで継続されている制度化された公害教育にも、内容、形式、制度において課題が存在する。内容については、公害教育は公害発生企業の犯罪性や、健康被害などといった負の面を強調して取り上げてしまうきらいがある、ということである。そもそも公害教育は、公害反対運動から発生したものであったことから、いわば運動の枠内での伝達や啓発という認識からスタートしているので、運動を支える形での情報ばかりが取り上げられやすい。そのため、公害教育は運動論と捉えられてしまい、教育論として高められ浸透していくということが十分果たせていないことになる。

また形式については、公害という言葉が次第に「環境」に置き換わっていく

流れのなかで、公害教育もやがて環境教育へと発展していくプロセスで、変質を遂げざるを得なくなってしまったことである。「公害」から「環境」へと興味関心がシフトしていった流れのなかで、公害問題が一定程度解決した後は、公害への取り組みという実践へのニーズが減少し、同様の公害問題を起こさないために、公害を忌避したいという意識を向上させるものへ、さらには公害についてのモニタリングを重視するものへとその意義が変遷していった。取り上げられてきた公害問題がある地域に特有かつ特殊な問題であればあるだけ、他の地域における普遍的な教育への波及は極めて限定的になる。そのように、ボトムアップでつくられていった公害教育が制度化されたことにより、公害の発生を二度と許さないというものから、公害を忌避したいという意識へ、そしてそれがモニタリング意識の醸成へと、公害教育そのものの重点が変化していった。このことは、今日なお継続されている公害教育が、公害の現実に迫りその犯罪性についての認識を獲得するためのものではなく、本来備わっていた批判性をそぎ落とされたものとなってしまっているということを意味する。

　そして最も重要なのは制度である。公害教育を考える際には、制度化のプロセスで、制度に対する「フィードバック」を確保することが必要であるということである。なぜなら制度は硬直したものではなく、様々なステークホルダーからの修正提案や改良意見によって、さらに良いものへと柔軟につくり上げていくべきものだからである。しかし公害教育の場合はそれが実際は十分ではなかったと言える。確かに制度化した後の公害教育に対して、機会を捉えてそれを官許・官製公害教育などと指摘する批判があった。しかしフィードバックが機能するには、それらの批判を少なくとも検討する場や機会が確保されている必要があろう。しかしそういう場や機会が欠けていたということは、フィードバックが機能していなかったということであり、そして制度化された公害教育のまま大きな変更がなされることなく今日まで継続してきているということになる。

　公害教育は、日本の環境教育の柱のひとつとして環境教育史のなかの重要な実践として位置づけられる。しかし今日の環境教育が、公害教育が果たした歴史的な意義をどれだけ理解しているか、その遺産をどのように継承しようとし

ているか、そして今日的な新たな環境課題への対処に際してどのように援用しようとすることができるかといった点を検討するためには、上で挙げた課題、すなわち内容、形式、制度について、現時点で認識を新たに持っておくことが必要である。その際、公害教育が誕生した契機と公害教育が残した成果・課題を、公害教育が制度化した前後のプロセスも踏まえつつ評価し直すことで、過去の公害教育からの教訓を今日の環境教育に活かすような努力をしていくことが必要である。

4　放射線教育の誕生と展開

　過去に行われていたような形式の公害教育、たとえば水俣や四日市において眼前の公害被害に基づき行われた公害教育の実践を今日再び同じように実施することは不可能であろう。しかし現在の環境課題への対処に向けた各地の努力、たとえば3.11以降の福島での取り組みなどについて、公害教育の視点から検討することは可能である[5]。

　福島県では、東日本大震災の発生時に福島第一原子力発電所から大量の放射線が飛散するという事故が発生した。飛散した放射線はそもそも目に見えないものであるので、不安や恐れを福島県下およびその周辺の人々にもたらした。福島県産の農産物が売れないという風評被害も、この放射線の大規模な飛散に起因する。したがって、放射線について正しい知識と認識を持つことは、今日の福島県の住民にとって非常に重要な課題であり、また放射線によって長期にわたる健康被害が発生するかもしれないため、とりわけ子どもたちに対する教育の在り方を再検討することも喫緊の課題となっている。

　福島県下で実施されている「放射線教育」は、目に見えないものの存在を物理的に理解することがしづらい放射線と呼ばれるものの存在を、科学的にどう理解してもらうか、ということを発端に企画されている。この放射線教育の定義については、福島県は「放射線等の基礎的な性質についての理解を深め、心身ともに健康で安全な生活を送るために、自ら考え、判断し、行動する力を育成する」（小・中学校対象）としている。

文部科学省が放射線に関する3タイプの副読本が出したのが平成23年10月のことであり、それを受けて同年11月に福島県による指導資料として『放射線教育指導資料』が作成されている。指導資料が出された以上は、学校教育現場で何らかの教育実践が行われる、ということが期待される。実践を担保する具体的な枠組みと時間数については、たとえば「学級活動」のなかで年間に約2～3時間程度の時間数を配当する、などと福島県は例示している。
　最初の副読本の発行後、文科省の副読本も含めて、原子力発電所事故の事実に触れていない、という県議会からの批判に応えるため、指導資料の改訂版の作成が進む。改訂版は、健康を維持するためには基礎知識の提供と拡充が急務の作業である、という認識に基づき、放射線に関する基礎知識を提供するという意図で作成された。放射線教育指導資料は、さらにそれからも改訂の作業が続けられている。
　福島県の放射線教育指導資料は、あくまでも学校教育の現場で指導するための資料として作成したものであるから、放射線をめぐるすべてがこの資料のみで理解できるというようなものにはなっていない。たとえば賠償のことや、政治的な判断が行われることについては、この資料では一切触れられていない。福島の放射線教育については、実践の主体者は現場の学校教員であり、教育の企画者は県および各市町村の教育委員会であり、原案の提出者は国（文部科学省）ということになる。現場の実践が開始されるよりも前に、国や県によって資料として一定程度の方針が定められ提示されたということは、1960年代に公害教育が制度化するプロセスとは異なっていて、この場合はまず制度化に準ずる副読本作成の作業が実践の展開よりも先にあったと捉えることができる。福島の放射線教育が誕生せざるを得なかったのは、原発事故の発生という事件を契機とするものであったためであり、公害の発生と拡大のようにある程度の時間がかかって次第に明らかになってきたような問題とは異なり、ある意味瞬時にして対処への必要性が高まった問題だからである。
　放射線という目に見えない危険なものに対する恐怖心をどう乗り越えていくか、放射線と生活はどう関与していくべきか、問題を克服する方法や計画はありえるのか、果たして自分たちの将来をどう組み立てていったらよいのか、な

どといった様々な課題に応えようとするために放射線教育が発生したとすれば、放射線教育を公害教育の今日的な実践とみることが可能である。そして放射線を取り巻く様々な課題をつなげ、解決に向けた実践志向型の教育を検討していくことが、公害教育の経験と教訓を引き継ぐことになるのである。その際、放射線や環境といったキーワードのみならず、安全、生活、復興、開発、政治、消費、食育、差別などといったことにまで踏み込んだ教育を構想していく必要があろう。

5　環境教育学とは何か──「よそ者」による公害教育の可能性

(1)　「よそ者」の視点の導入

　現代の環境教育の文脈に位置づく公害教育のひとつが、福島県での放射線教育であると考えたら、環境教育学の視点からの検討が必要となる。特に公害教育は、地域特有の課題を扱った教育実践であったことから、公害教育の企画と実践、そして公害教育の受け手が当該地域の内部の関係者のみで終始してしまっていたという点について、今日の環境教育学は反省をしていかなければならない。そういった課題を克服し、今日においても公害教育の意義と重要性を高め、新たに環境教育学の構築を目指していくためにも、ここでは「よそ者」論の観点からの公害教育のあり方について検討してみたい。

　まず、「よそ者」と呼ばれる立場の人の役割についてであるが、ジンメルは[6]「よそ者であるというのは、言うまでもなく、ひとつの極めて積極的な関係、特別な相互作用形式」であると積極的な意味を付しており、存在の仕方については「見知らぬ人が近い存在」である、と指摘する。そして鬼頭は、「①当該[7]地域やその地域から地理的に離れたところに暮らしている人。②外から当該地域に移住してきて、その地域の文化や生活をよく理解していない人。③当該地域やその地域の文化にかかわると自認する人たちによって「よそ者」のスティグマを与えられうるし、また実際に与えられている人。④利害や理念の点において、当該地域の地域性を超え、普遍性を自認している人」の4点を「よそ者」という概念のなかに見出している。これらジンメルと鬼頭の「よそ者」の

理解を踏まえれば、よそ者とは外部の視点を導入し、そして普遍的な価値観を提示したり導入したりすることができる存在である。特有の役割を担える存在が「よそ者」であると言える。そして鬼頭はさらに、よそ者には、「地域に埋没した生活では得られにくいより広い普遍的な視野」を提供し、「ごく当たり前だから気づかされない自分たちの自然とのかかわりを再認識するなどの新たな視点を外から導入する役割」があると指摘する。つまりよそ者は、外部からやってきて、その入り込んだ先の地域の変革者になれる可能性を帯びた存在なのである。

　重要なのはこの「よそ者」という存在が、なぜ公害教育のなかに位置づけられるべきかということを明らかにすることであろう。それは、公害教育が制度化した後にフィードバックの機能が確保されていなかったというひとつの課題を先に指摘したが、公害教育の制度的な展開のなかにフィードバックを担保できる存在として「よそ者」を措置していくことでこの課題の改善にアプローチすることができるからである。制度のなかにフィードバックを促すことができる存在として、この「よそ者」の考え方を導入することは、今後の公害教育の発展を企図していく上で重要である。このことはよそ者が公害教育の直接の担い手となるというよりも、よそ者によって公害教育の内容が充実し、豊かなものにしていくということを期待する、ということである。

　公害教育のニーズや実践の質が制度化の前後で変化したことで、もともとの公害の発生地において問題への対処として行われた公害教育は、当該地域の範囲内で行われているだけの教育実践となってしまいがちである。そのような状況を反省し、やはり環境教育のひとつの柱として公害教育の実践を継続していくためには、公害発生地における公害教育のステークホルダー以外の人々が、制度化された公害教育の内容と形式、そして制度そのものの改善に参与していくことが必要となる。そのような人々は、自身がいわゆる「よそ者」であることを自覚した上で、制度化された公害教育へのフィードバックに関与していくという姿勢を持つことが必要である。つまり外部から公害教育に関心を持ってやってくる人材が、自分自身を「よそ者」であると自覚しておくことで、公害教育現場の秩序と問題点を客観的に見ることができるようになる。つまり外部

からの意見や見解として、実際に実践の場を見つめ検討することにより、制度化された公害教育へのフィードバック機能を確実に果たしていくことができるのである。

(2) 「よそ者」の言説に寄り添う公害教育へ

　現時点における公害教育の一形態として福島県下での放射線教育を紹介したが、そもそも3.11以前の福島県下のコミュニティでは、原発の問題や反原発といった意見は表明することも語ることもできなかったという。しかし3.11以降はそのようなタブーが外れるようになった。その理由は、もちろん事故後にこれまで発言を抑圧されてきた人々が批判の声を上げるようになっていったことであるが、それ以上に重要なのは、「よそ者」によって提出される言説の積み重ねによる影響があったことである。それまで様々なしがらみによって何の言葉も上げられなかった人々がいた一方で、その本心を仮託することができる外部からの言説が一気に多数出現するようになったことの意味は大きい。もちろん様々な言説のなかには、たとえば震災ゴミの受け入れに猛反対する他の地域の住民によるきわめて辛辣なものもあった。しかしそれらを含め、福島のコミュニティの人々が、自分の感じ方やまだ十分固まっていないほんやりした自身の考えを何らかの形にして表現するのに、利活用することができる選択肢としての言説の数が急増したことは確かである。そしてそれらの言説の多くは、県内からではなく、「よそ者」によって多く発信されてきたのである。すなわち地域の理論によって地域の内部の人が言えないことを、指摘することのできる存在があることは貴重である。そのような存在を、今後の公害教育の展開に活かしていくことが、今日の課題となる。

　よそ者によって語られる言説を、よそ者を含めた様々な語りの取捨選択をし、それらの言説が持つ力を評価し、フィードバックを確保する手段として利用することが受け入れられるのであれば、そのような「よそ者」に、助言者に似た役割や、制度の改善や新たな制度の構築への参画者としての役割を期待していくことができる。その具体的な形式としては、たとえば職員交流などを通じて公害教育行政への職員の派遣や協力などがひとつの方法となるであろう。

より具体的な協力の方法については、公害教育を展開する必要のある地域の実情に応じて考え調整していく必要がある。

(3) 「よそ者」によって拓かれる公害教育

今日までの公害教育研究の歴史は、理論研究や実践研究として展開し深化してきた。そのプロセスで特定の個人名を見る機会が多い。たとえば沼津・三島のコンビナート闘争に参加した西岡昭夫[8]や熊本県の中学校で水俣病の実践を行った田中裕一[9]、地理教師として地域開発闘争と公害教育に取組んだ福島達夫[10]は、公害教育の実践者として著名であるし、社会教育の領域から公害教育成立の理論的指導を果たした藤岡貞彦[11]などは、公害教育の成立に重要な寄与をしてきた。このような個人の活躍によって進んだ公害教育の成立段階の辛苦を踏まえて、今日の私たちが新たな公害教育の歴史に加わることができる方法は、公害教育の無名な実践者として自分たち自身が立つことである。その際に、「よそ者」という立場の存在として、今日の環境教育に公害教育の視点をどう取り入れ、公害教育の制度の充実を果たしていくことができるかを検討することが、環境教育の実践者として、環境教育の学習者として、そして環境教育学を構築する者として必要な態度である。

公害問題はすでに克服された、今日では環境問題へと発展し問題の範囲や内容が多様化してきたため、従来の公害教育はもうほとんどの地域では陳腐化してしまい、制度化された公害教育も、モニタリング意識の向上という程度以上には発展しないというようなネガティブな態度や評価を批判し、新しい公害教育、そして新しい環境教育学に取り組み続けていくことがなお、今日求められる態度なのである。

【注】
1) フランク・アパム 2001「社会的弱者の人権」古関彰一訳、アンドルー・ゴードン編『歴史としての戦後日本下巻』中村政則監訳、みすず書房。
2) アンドルー・ゴードン 2013『日本の200年下巻』森谷文昭訳、みすず書房。
3) 安藤聡彦 2015「公害教育を問うことの意味」環境教育25（2）、4-13頁。
4) 沼田真 1982『環境教育論——人間と自然とのかかわり』東海大学出版会。

5） 高橋正弘 2015「コミュニティで取り組まれている環境教育の分析枠組みの検討」大正大学研究紀要100、291-314頁。
6） ゲオルク・ジンメル 1999『ジンメル・コレクション』北川東子編訳、筑摩書房。
7） 鬼頭秀一 1998「環境運動／環境理念研究における「よそ者」論の射程」環境社会学研究4、44-59頁。
8） 宮本憲一 1979『沼津住民運動の歩み』NHK出版。
9） 和井田清司 2010『戦後日本の教育実践――リーディングス・田中裕一』学文社。
10） 福島達夫 1968『地域開発闘争と教師――沼津・三島、姫路、南島の住民運動』明治図書出版。
11） 藤岡貞彦 1998『〈環境と開発〉の教育学』同時代社。

第5章　開発教育の視点から環境教育学を構想する

田中　治彦

1　これからの地球社会

(1)　本章のねらい

　開発教育から環境教育学を構想するにあたって、まず現在の世界において開発問題がどのように捉えられているのかを考察したい。西暦2000年の国連総会で採択された「ミレニアム開発目標（MDGs）」の内容とその成果について検討することで、21世紀初頭の国際社会が何を目指してきたのかを知り、その中で環境問題、持続可能性の問題を位置づけたい。次に、国連ESD（持続可能な開発のための教育）の10年の間に、開発教育と環境教育関係者との研究・実践交流のなかで明らかになったそれぞれの教育の独自性について考えてみたい。最後に、新たな環境教育学を構想する上で開発問題にコミットすることの重要性と、その際予想されるいくつかの課題について検討しよう。

(2)　MDGsからSDGsへ

　今後の地球社会がどうなっていくのか、そして国際社会はどのように対応しようとしているのであろうか。西暦2000年の国連総会では21世紀初頭の国際社会の開発目標として、「ミレニアム開発目標」が採択された。これは、2000年から15年までに国際社会が目指すべきゴールをできるだけ数値目標にして示したものである。このなかでは、貧困、雇用、保健医療、環境など大きく8つの目標が扱われている。2015年7月に、MDGsがどこまで達成されたかについての評価がなされた。これにより、この地球社会が抱える諸課題には何があっ

て、そして国際社会の努力によってどこまで解決できたのか、あるいは残された課題は何なのかが見えてくる。

　MDGsの目標の一番目は「極度の貧困と飢餓の撲滅」である。貧困と飢餓の撲滅は人類の悲願とも言える。具体的には「2015年までに1日1ドル未満で生活する人口比率を半減」と「2015年までに飢餓に苦しむ人口の割合を半減」することが狙いであった。MDGs評価報告書では、貧困人口は17億人から8億人に減り、半減という目標を達成したと報告された。これは、中国やインドといった人口が多く、貧困人口を多く抱えていた国々で、この間の経済成長により貧困人口を減らしたことが大きな要因である。

　第二の目標は「普遍的初等教育の達成」で、「2015年までに、全ての子どもが男女の区別なく初等教育の全課程を修了する」ことが目指された。2000年の時点で17％いた初等教育未終了者は、2015年には9％までに減少した。すべての子どもが初等教育を受けるまでには至らなかったが、「サハラ以南のアフリカ」地域を除く、他の地域では100％の就学率達成が間近である、と報告されている。

　目標3は「ジェンダーの平等の推進と女性の地位向上」である。「初等・中等教育における男女格差の解消を2005年までには達成し、2015年までに全ての教育レベルにおける男女格差を解消する」ことが目標のひとつであった。この目標でも成果は大きく、たとえばインドを含む南アジアでは初等教育の女子の就学率が大幅に向上し、男子を上回った。

　次に、保健医療に関する目標を見ていこう。MDGsの目標4は乳児死亡率の削減、目標5は妊産婦の健康の改善、目標6はHIV/エイズ・マラリアその他の疾病のまん延防止、である。具体的には「2015年までに5歳未満児の死亡率を3分の2減少させる」という目標がある。これらの目標も、ほぼ達成に近づいた。

　以上、貧困、教育、保健医療といった開発の主要目標については、MDGsの15年間で大幅に改善が見られた。評価報告書も「MDGsはこれまでの歴史でもっとも成功した貧困削減の取り組みであった」と述べている。しかしながら、環境の保全を目指した「目標7　環境の持続可能性の確保」については成

果が芳しくない。具体的な目標のひとつである「生物多様性の損失を2010年までに確実に減少させ、その後も継続的に減少させ続ける」については成果が上がっていないどころか、悪化の兆候がある。また気候変動に関する国際的な枠組みをつくる COP での議論はなかなか進んでいない。

　図表1は1989年時点での世界の富の偏在の状況を示したものである。所得額に応じて世界の人口を5分割すると、世界人口の20％を占める最富裕層が世界の総所得額の82.7％を所有している。それに対して、最貧困層の20％の人々はわずか1.4％の所得を有しているにすぎない。[3] 世界の所得の格差を図示すると、このようにシャンパングラスのような形になる（図表1のA）。

　それでは、貧困削減に最も成功したとされる MDGs はどのような世界を目指しているのであろうか。MDGs はもともと先進工業国ではなく、開発途上国の開発を目指した目標であり、図表1-A で言えば、下半分の人々の所得を拡大することで貧困の問題の解決しようとした。したがって、概念的に図示すると図表1のBのように、下半分の部分を拡大していくこと（所得を増加させること）で、貧困問題を解決しようとするので、最終的には台形のような形になる。すなわち、富裕層から貧困層に、所得を分配するのではなく、世界全体のパイを拡大して貧困を減少させようという路線である。

　図表1-B では最富裕層の総所得は変わらないか増大してはいるものの、貧困層の所得も同時に増加するので「不満」は出にくい。図表1-B の問題点は、全体の面積（総所得）が図表1-A に比べて拡大していることである。これは生産の拡大を示しているのであり、地球環境という観点から見ると、環境負荷は高まり、環境悪化の危険性が高い。

　IPCC（気候変動に関する政府間パネル）は、地球温暖化について、もしこのまま国際社会が何も対策をとらないと、西暦2100年の地球の気温は産業革命前と比較して3.7～4.8度上昇すると予測している。IPCC は人類の生存のためには、2100年の気温上昇を産業革命以前と比較して2度以内に収めることが必要である、と警告している。[4] 図表1-Bのように、貧困層の所得を拡大させて、世界全体の所得も膨張するようなモデルでは、2度以内に気温上昇を抑えることは実現不可能であろう。地球温暖化を防止する観点からは、全体の総面積を

第5章　開発教育の視点から環境教育学を構想する

図表1　世界の富の偏在

(A) 世界の富の偏在の状況（1989年）

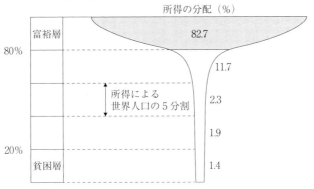

出典：UNDP, 1992, *Human Development Report*, Oxford University Press より筆者作成

(B) 貧困層が富を拡大するモデル　　　　(C) 貧富の格差を縮小するモデル

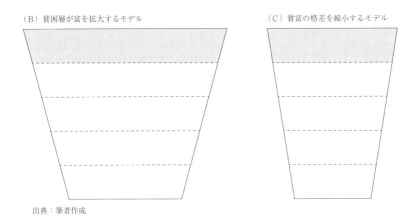

出典：筆者作成

できるだけ増やさずに、所得の分配が行われ貧困解消につながる図表1のCのようなコップ型のモデルが望ましいであろう。

　MDGs を受けて、2016年から30年までの国連の開発目標として、2015年9月の国連総会で「SDGs（持続可能な開発目標）」が採択された。SDGs は、貧困の解消を主要な目的とした MDGs に加えて、地球サミットや ESD が目指した持続可能な開発のための世界的な協力の考え方が合わされている。そのため、

71

図表2　SDGsの17の目標

出典：国際連合広報センター

途上国のための開発目標という観点から、途上国も先進国も含めたすべての国々が取り組み達成すべき目標という位置づけがなされている。MDGsの主要目標が8つであったのに対して、SDGsは図表2のような17の主要目標が設定されている。このなかには「目標1　あらゆる場所のあらゆる形態の貧困を終わらせる」「目標3　あらゆる年齢の全ての人の健康な生活を確保し、福祉を推進する」「目標4　全ての人への衡平な質の高い教育と生涯学習の機会を提供する」というようなMDGsのテーマを引き継いでいる項目がある。一方、地球サミット＋ESD系のいくつかの目標もある。たとえば、「目標13　気候変動とその影響を軽減するための緊急対策を講じる」「目標14　海、大洋と海洋資源を保全し、持続可能な利用を促進する」「目標15　陸域生態系を保護し、持続可能な利用を促進し、森林の持続可能な管理、砂漠化への対処、土地の劣化、生物多様性の喪失を止める」といった目標である。

　SDGsは、貧困の撲滅のみならず、持続可能な社会づくりというESD系の目標をも併せ持っている。それでは、SDGs路線ならば図表1-Bのような台形ではなく、図表1-Cのようなコップ型になり、地球全体の平均気温の上昇を2度以内に抑えるというIPCCの提案をクリアーできるのであろうか。この点ではSDGsの目標10に「国内および国家間の格差を是正する」が入っている

ものの、その具体的な数値目標などは現時点では策定中である。しかしながら、SDGs 自体が国連加盟国全体の合意を得ねばならず、格差の是正についてはその権益を失う側から厳しい反発が予想される。また SDGs が具体的な目標を定めたとしても、一方で国際社会は TPP などの参加国に対して法的拘束力を持った自由貿易協定が多く結ばれているので、それらとの関係性が微妙になる。SDGs の数値目標は2016年6月に策定されるので、地球温暖化の新たな枠組みや、自由貿易の諸協定の動向とともに注視する必要がある。

2 開発教育と環境教育との関係性

SDGs は、ミレニアム開発目標の「貧困の解消」と地球サミット以来の「持続可能な開発」の双方に立脚している。それらは開発教育と環境教育のメインテーマである。国連 ESD の10年（2005-14）により、開発教育と環境教育の関係者の間で様々な人的交流が生まれ、また研究交流も行われた。それらの成果と課題は、環境教育学会編『環境教育と ESD』、日本社会教育学会編『社会教育としての ESD』、鈴木・佐藤・田中編『環境教育と開発教育』などにまとめられている。両者はどのように研究交流し、いかなる成果があったのか、そして今後の課題は何であろうか[6]。

まずは開発教育が環境問題をどのように捉えてきたかを総括したい。日本で開発教育が始まったのは1980年に東京と栃木で行われた開発教育シンポジウム以来である。その2年後には開発教育協会（DEAR、発足当時の名称は開発教育協議会）が発足し、日本の開発教育推進のためのナショナル・センターとして機能してきた。当時の開発教育メインテーマはアジアの貧困と国際協力であった。DEAR が初めて意識した環境問題は熱帯林であった[7]。熱帯林破壊の原因は、農地の拡大、燃料としての使用、牧畜、商業伐採などである。特に、商業伐採では日本は世界で流通している熱帯木材の42％を当時輸入しており、東南アジアの熱帯林減少に重大な責任があるとされた。この時期、使い捨ての「割り箸」が問題として取り上げられ、熱帯林保護のための具体的な行動として、割り箸の不使用運動も起きていた。しかし割り箸は国産の間伐材の有効利用で

あり、零細の木材加工業者を支えていて、問題の複雑性が認識されている。

　開発教育が本格的に環境教育との連携を意識したのは1992年の国連環境開発会議（地球サミット）であった。地球サミットは、環境問題と開発問題、あるいは環境教育と開発教育との統合という課題を提起した。そのキーワードが「持続可能な開発」であった。

　1990年代には、貧困、環境、人権、人口、ジェンダー、など地球的な諸課題を扱う様々な国際会議が開かれた。1997年7月にはドイツのハンブルグで第5回国際成人教育会議（ユネスコ主催）が開催された。ここで採択された「成人学習に関するハンブルグ宣言」はこの7つの国際会議における宣言や行動計画を実現すべく成人教育の課題を明らかにしたものである。

　ハンブルグ成人教育宣言を受けて、日本においては環境教育、開発教育、人権教育、ジェンダー教育などの関係者が集まって「未来のための教育推進協議会（ef=Education for the Future Japan）」が結成された。2002年当時の共同代表は阿部治（環境教育）、田中治彦（開発教育）、笹川孝一（人権教育）、国信潤子（ジェンダー教育）の4氏であり、これらの人的ネットワークがその後、2005年からのESDの推進にあたって寄与した。

　一方、環境教育はその出発点から開発問題と強いかかわりを持っている。日本の環境教育の源流は1960年代の急速な経済成長と都市化に伴う、自然破壊と公害問題に求められる。自然破壊にしても公害問題にしても、急激な産業開発、都市開発の結果生じた問題であり、その意味で「開発は環境の敵」であり、開発自体が「悪」とみなされた。

　環境教育が開発教育との連携を意識せざるを得なくなったのが、やはり地球サミットである。サミットの正式名称は、国連「環境開発」会議であり、キーワードは持続可能な「開発」であった。ハンブルグ成人教育会議が開催された1997年には、ユネスコの主催でギリシャのテサロニキにおいて「環境と社会に関する国際会議―持続可能性のための教育と意識啓発」をテーマした国際会議が開催された。その最終文書である「テサロニキ宣言」では、「環境教育を『環境と持続可能性のための教育』と表現してもかまわない」（第11節）と記している。そして、「持続可能性という概念は、環境だけではなく、貧困、人

口、健康、食糧の確保、民主主義、人権、平和をも含むものである。最終的には、持続可能性は道徳的・倫理的規範であり、そこには尊重すべき文化的多様性や伝統的知識が内在している」(第10節) と述べられている。ここでも環境と他の地球的課題との深い関連性が強調されている。

2005年には国連・持続可能な開発のための教育の10年が始まる。ところがその間、環境教育関係者が「開発」を正面から語ることはほとんどなかった。日本環境教育学会が2013年に発刊した『環境教育辞典』には、開発関連の用語が4項目掲載されている[11]。それらは「「開発」と「発展」」(井上有一)、「持続可能な開発」(佐藤真久)、「内発的発展」(田中治彦)、「ミレニアム開発目標 (MDGs)」(田中治彦) である。井上による「開発」と「発展」の項目は、ESDに関連してdevelopmentをいかに訳すかについての解説であり、開発の理論や開発問題の内容に関する説明ではない。すなわち、『環境教育辞典』では開発問題については、ESDに関連した最小限の項目を採用して解説したにとどまっている。

しかしながら、3.11以降日本や世界の将来のあるべき社会像を考えるときに「開発問題」を避けて通ることができないことが環境教育関係者の間でも認識されるようになった。福島第一原発事故以後、原発にどう向き合うのか、将来のエネルギー問題をどのように考えるのかは、環境教育にとっても大きな課題である。2013年に日本環境教育学会から出版された『東日本大震災後の環境教育 (日本の環境教育第1集)』の諸論文には、環境教育の観点から開発問題にかかわろうとする萌芽が見られる[12]。それでは、環境教育は既存の様々な開発論に対して、どのように関与することができるのであろうか。

3　環境教育と開発教育の独自性

ここで、環境教育と開発教育の特質とその独自性について考察しておきたい。グローバルなテーマを扱う教育活動には、環境教育、開発教育の他にも平和教育、人権教育、多文化教育、ジェンダー教育などがあり、これらすべてがESDを構成する教育活動であるとされている。これらの教育活動のテーマを

さらに詳しく見てみると、環境教育とそれ以外の教育との違いに気づく。すなわち、環境教育以外の諸教育活動は詰まるところ「人権」教育と言ってもよい。その対象となっているのは、「南」の貧しい人々、難民など紛争被害者、被差別者、マイノリティ、女性など、多数者に対して人権を奪われた「被害者」ないし「弱者」である。環境教育以外は「人間中心主義」であることは言うまでもない。

これに対して環境教育のテーマは何であろうか。阿部治は、かつて環境教育を「自然系」「生活系」「地球系」に分類した。[13] この内、地球系は開発教育、平和教育をはじめ上記のような諸教育活動を含んでいる。生活系には、リサイクル教育、消費者教育、エネルギー教育など分類される。さらに自然系は、自然保護教育、農林業体験、ネイチャー・ゲームなどが例示されている。

これらの環境教育の広がりのなかで、地球系と生活系の環境教育の学習論は開発教育など他の教育活動と共通する要素が多い。一方で、自然系の環境教育は「人間と自然との関係性」を課題としていて、他の教育活動では扱われないか副次的な扱いであり、環境教育独自の分野である。そこでは、人間非中心主義の理念や生態系の概念を持ち込まねばならず、環境教育が他の教育活動とは違うユニークさを主張すべき点がある。

環境問題を理念的哲学的に考察する分野に「環境倫理学」がある。そこでは、環境破壊が先進国において急激に進行した1960年代以来、「自然は人間の手で管理し改造しうる」とした西洋近代文明の根底にある「人間中心主義」が批判されてきた。そして、それを克服する「人間非中心主義」の構築に努力が傾けられてきた。人間非中心主義には、パトス中心主義、生命中心主義、生態系中心主義、などがある。[14]

この内、生態系中心主義においては、人間も含めてすべての生物やもの（土、水、光など）は相互に依存関係にあり、生態系全体の良好さや健全さが道徳的価値を持つと考える。そこにおいて人間は他の生物と同等であり、全体の一部を成している。それ故、個体の存在よりも全体の存在の方が優先される全体論主義（ホーリズム）の立場に立つ。生態系中心主義の議論は、人間を超える価値として人間の上位に生態系をおいていて、宗教やイデオロギーに似た論

理構造を持つ。そのため、人間の上位の価値として生態系の優位性を押しつけることになると「全体主義」「環境ファシズム」というような批判を浴びることになりかねなかった。

　1990年代に入って人間非中心主義は第三世界やマイノリティの人々から批判されることになる。アメリカのルイジアナ州における有害廃棄物・排気ガスの被害者の多くが差別されたアフリカ系アメリカ人（黒人）であり、アリゾナ州のナバホの保留地ではウラン鉱山の採掘が原因で先住民（インディアン）が健康をむしばまれた。また、先進国で行われている野生生物の保護区域の設定を開発途上国にそのまま持ち込むことは、その地で農耕生活を営んでいる現地の人々を排除し生活を一層困窮させることにつながる。

　こうして、環境破壊が、差別と政策上の不正義に根ざしていることが認識されるようになり、「環境正義」の考え方が出てくる。開発教育はもともと途上国の貧困や貧富の格差を課題としていて、こうした考え方により親和性がある。そこで扱われる環境問題はあくまで人間社会にとっての環境であり、基本的に「人間中心主義」であると言うことができる。

　ここに「環境」をめぐって環境教育と開発教育との基本的に差異を見ることができる。ただし、環境教育の関係者すべてが人間非中心主義に立脚しているわけではない。また、環境倫理や哲学の分野の議論の結果、人間中心主義も人間非中心主義もともに決定打がなく、どちらかが優位性を主張するには至っていない。[15]近年は、両者を二項対立させる議論自体を「不毛」なものとして、個別具体的な状況に関係者全員を巻き込んで、いかに対応するかを考える「環境プラグマティズム」の考え方も出てきている。

　それでも環境教育において生態系の重要性を主張したことは、自然界のなかでは一生物種にすぎない「ヒト」の存在と位置づけを明らかにし、人間界自体を相対化することを可能にした。そのことが人間中心の「開発」主義にブレーキをかけ、警鐘を鳴らしてきたことの意義は大きい。

　次に開発教育の独自性について考えてみよう。開発教育の場合、そのメインテーマである「開発」の目指すべきゴールは多様である。大多数の人々が共有できる「解」は必ずしも存在しない。これを他のグローバルな教育活動と比較

するとより明確になる。平和教育において「平和」は明確なゴールである。環境教育において「環境保全」は誰もが一致できる目標である。ジェンダー教育においては「男女平等」、多文化教育においては「共生」は疑いのない目標であり、「正義」である。これに対して、開発教育の「開発」は目指すべきゴールですらない。「開発」を進めるのがよいのか、進めない方がよいのか、それ自体を考えることが開発教育の狙いである。

したがって、環境教育関係者が「開発」の議論に加わる際には、この点で困難を伴うであろう。環境教育においては環境保全という「善」があり、それを基準にものごとを考えることが可能であり、そのような思考様式に慣れていた。しかし、開発の問題にかかわったとたんに、何が「善」であるかを一から模索しなくてはならない。公害問題や自然破壊に発した1970年代の環境教育であれば、「開発」そのものを「悪」とみなすことができたであろう。しかし、ESDの10年を経た現在、「持続可能な開発」の「開発」を「善」として受け入れるのかどうかというところから議論を始めねばならない。そこで、これまでの開発論に対して環境教育からはどのようにアプローチできるかについて論を進めていきたい。

4　様々な開発論と環境教育

経済学では様々な開発論が過去展開されているが、ここでは環境教育との関連で4つの開発に関する議論を取り上げよう（図表3）。

図表3の開発論の内、「やさしい資本主義」と「新自由主義」は戦後に日本において推進されてきた経済開発政策である。「オルタナティブな開発」と「脱開発」は戦後日本においては実現したことはなく、あくまで理念にとどまっている。やさしい資本主義は戦後、1980年代まで主に政府・自民党によって実施されてきた経済開発である。「やさしい」という表現には語弊があるかもしれないが、それはその後の「新自由主義」との比較でのネーミングとご理解いただきたい。基本的には、明治以来の近代化路線であり、「西洋に追いつき、追い越せ」をスローガンに経済開発・産業開発を推進してきた。ただ、与

第5章　開発教育の視点から環境教育学を構想する

図表3　特徴的な開発論と環境政策

開発論	特　徴	環境政策	例
やさしい資本主義	原則自由な市場経済 福祉や農業に政府が介入	経済と環境の調和	1980年代までの日本
新自由主義	市場原理優先 政府の介入は最小	市場経済優先	小泉政権以後の日本
オルタナティブな開発	社会的公正 人権、環境に配慮 市民社会重視	環境重視	内発的発展論 持続可能な開発 参加型開発
脱開発論	開発そのものの否定	環境最優先	ラトゥーシュの議論

出典：筆者作成

党である自民党の支持者に、農業と中小企業・商店関係者が多く、農業や商店街の振興にも目配りをしていた。また、1960年代に公害問題が起きると、公害対策基本法を成立させて、環境保護と「経済の健全な発展との調和」を謳うようになる。1970年代には支持者の高齢化とともに、福祉政策も重要視するようになる。このように、戦後のやさしい資本主義は、日本社会の特殊事情もあり、工業化・産業化を強力に推進しつつも、それによる不利益を抑えるために、農業、環境、福祉などにも一定の配慮をしてきたことが特徴である。環境教育の立場からは、水俣病などの公害問題を引き起こしてきたことに対しては当然批判的であろう。一方で、その後の環境政策については一定の評価を加える向きもあるであろう。

　新自由主義は、1980年代の中曽根政権に始まるが、本格的に政策化されるのは2000年代の小泉政権時代である。自由な経済活動が目指され、政府による公的な介入を最小限にとどめるのが特徴である。そのため、規制緩和、民営化、財政緊縮などの政策がとられる。手厚い福祉は勤労意欲をそぎ、経済活動を不活発にする要因として排除され、環境保護も経済活動にとってマイナス要因としてみなされる。図表3のなかでは、最も環境政策に対する優先順位が低い。一方で、小泉首相は2002年のヨハネスブルグ・サミットでのESDの提唱者でもあり、現実の政策においては従来の環境政策を踏襲した。

　オルタナティブな開発と脱開発論は、実際の政策として実現したことはな

く、理論や理念上での議論である。オルタナティブな開発（Alternative Development）論は、1977年にダグ・ハマーショルド財団が発刊した『もうひとつの開発』以来議論が盛んに行われるようになった[16]。オルタナティブな開発は、経済成長優先の従来の近代化論に対抗する形で提起された。それは、経済的な価値に対して、社会的な価値を優先させるもので、具体的には貧困の解消、格差の是正、人権の保証、環境の保全を重要視する。経済発展によるパイの拡大より、分配によって社会的な公正を実現することを重視する。また、従来の開発がトップダウンで行われ、受益者であるはずの地域住民の参加がおろそかにされてきたことから、オルタナティブな開発では、住民参加型の開発が提唱されていて、地域民主主義が強調される。持続可能な開発論における「世代内の公正」が、貧困と格差の是正を主張していて、持続可能な開発はオルタナティブな開発論のひとつとして捉えることができる。

　脱開発論は、従来の開発そのものを否定する立場であり、オルタナティブな開発論に対しても否定的である。脱開発論ではフランスの哲学者セルジュ・ラトゥーシュの『経済成長なき社会発展は可能か？』が有名である[17]。ラトゥーシュは、近代化に伴う経済成長は結局人々に幸福をもたらさなかったとして、あらゆる開発を否定して「脱開発」を主張する。それは近代以前の社会に戻ることではない、とはしながらも、あるべき脱開発の社会像については必ずしも明確ではない。ヘレナ・ノーバーグ・ホッジはインドのラダック地方での実践をもとに「懐かしい未来」を提唱して、近代化の克服を提案している[18]。ただ、ラダックのモデルは人口が少ないこと、人々がチベット仏教という宗教的な価値観を共有していること、自給自足経済を保持すること、などの要因があり、高度に産業化された先進工業国での実現可能性には大いに疑問がある。ただし、環境教育の観点からすると、脱開発はもっとも環境保全に有効であることは間違いない。

　以上、戦後の日本で行われてきたふたつの開発路線と、それに対抗するふたつの開発論を紹介してきた。環境教育の観点から、それらの開発論にどのように関わることができるのであろうか。

5 開発論を内包した環境教育学の可能性

これまで環境教育の関係者からの開発論の展開はほとんどなかった。環境教育の立場で、望ましい開発、望ましい社会づくりについて一からつくり上げることは大変困難な作業であり、かつ生産的でもないであろう。環境教育としてはすでに提起されている様々な開発論、たとえば上記の4つの開発論について、批判的に検討するところから始めてはどうだろうか。

「持続可能な開発（SD）」を環境教育の立場から捉えるとどのような議論が可能であろうか。ESDの元になっているSDには、環境教育の観点から見逃すことのできない重要な論点が含まれている。SDが最初に提起されたブルントラント委員会報告では、持続可能な開発とは「将来の世代のニーズを満たす能力を損なうことなく、今日の世代のニーズを満たすような開発」と定義されている。[19] そして、SDの実現のためにふたつの公正が必要であるとされている。それらは「世代間の公正」と「世代内の公正」である。前者は、環境・資源の保全を意味する。現在の世代が資源を使いきってしまい、次世代に汚染やゴミのみが残るようなことを避けようという考え方である。また、後者は南北問題や開発問題の解決を意味する。先進国と途上国の間の大きな経済格差があるにもかかわらず、途上国側に人口の抑制と資源への使用規制を行うような取り組み方は公正ではないという考え方である。「世代内の公正」とは、このような格差の解決を目指すということである。

ここで重要なことは「世代間の公正」も「世代内の公正」もいずれも人間社会の持続可能性を問題としていることである。ブルントラント委員会の報告には「生態系の持続可能性」についての章はあるものの、SDの定義には十分反映されてはいない。地球温暖化などの国際会議においても野生生物の保護や生態系の保全に触れることはあっても、メインの議論ではない。まさに「人間中心主義」の論議が展開されているのである。阿部治はSDを説明するために、生物の多様性など自然の事物の視点として第3の公正「自然と人間の関係における公正」（「種の間の公正」という言い方もしている）を付け加えている。[20] しか

し、阿部はこの論点について詳細に解説しておらず、またその後関係者による議論が進んでいる兆候もない。

　名古屋では2010年10月に生物多様性条約第10回締約国会議が開かれている。その際には野生生物の保護などにかかわる専門家や市民団体が参加していた。しかし、同じ愛知で開かれた2014年10月の ESD 最終会合には、生物多様性に関わる専門家や市民団体の参加は少なかったと報告されている。これは SD 自体が人間中心主義であり、生態系を重視する関係者からは支持を得られていないからではないかと推測される。

　これまで様々なオルタナティブ開発論や脱開発論が議論されてきた。しかし、それらの議論に環境問題の関係者が関与しなかったために、環境という観点からの開発論は十分展開されてこなかった。人間社会に対して、自然環境や生態系が副次的に扱われてきたのである。今後、環境教育関係者が開発の議論に加わることにより、生態系の持続可能性を含めた開発問題についてトータルに議論する道筋が開かれていくことを期待したい。

【注】
1） 田中治彦編 2007『開発教育―持続可能な世界のために』学文社、58-69頁参照。外務省ホームページ (http://www.mofa.go.jp/mofaj/gaiko/oda/doukou/mdgs.html, last visited 20 November 2015)。
2） 「国連ミレニアム開発目標報告2015―MDGs 達成に対する最終評価」2015年7月6日 (http://www.unic.or.jp/files/e530aa2b8e54dca3f48fd84004cf8297.pdf, last visited 20 November 2015)
3） UNDP, 1992, *Human Development Report*, Oxford University Press, p.35.
4） 「気候変動に関する政府間パネル（IPCC）第5次評価報告書（AR5）について」2013年9月 (http://www.env.go.jp/earth/ipcc/5th/, last visited 20 November 2015)。
5） 国連広報センター「SDGs とは」(http://www.unic.or.jp/activities/economic_social_development/sustainable_development/2030agenda/, last visited 20 November 2015)。
6） 日本環境教育学会編 2014『環境教育と ESD』東洋館出版社。日本社会教育学会編 2015『社会教育としての ESD』東洋館出版社。鈴木敏正ほか編 2014『環境教育と開発教育――実践的統一への展望：ポスト2015の ESD へ』筑波書房。
7） 開発教育 No.10（特集：地球規模の環境問題）、1987年5月。
8） 万人のための教育世界会議（1990年、タイ・ジョムティエン）、国連環境開発会議（1992年、リオデジャネイロ）、世界人権会議（1993年、ウィーン）、国連人口開発会議

（1994年、カイロ）、世界社会開発サミット（1995年、コペンハーゲン）、第4回世界女性会議（1995年、北京）、第2回国連人間居住会議（1996年、イスタンブール）。

9） *The Hamburg Declaration on Adult Learning*, UNESCO Fifth International Conference on Adult Education, Hamburg, 14–18 July 1997.
10） *Final Report*, International Conference on Environment and Society: Educaton and Public Awareness for Sustainability, Thessaloniki, Greece, 8–12 December 1997.
11） 日本環境教育学会編 2013『環境教育辞典』教育出版。
12） 日本環境教育学会編 2013『東日本大震災後の環境教育（日本の環境教育第1集）』東洋館出版社。
13） 阿部治 2002「『持続可能な未来』を拓こう」季刊エルコレーダー12号。
14） cf. 伊藤俊太郎編 1996『環境倫理と環境教育』朝倉書店。加藤尚武編 1998年『環境と倫理』有斐閣。谷口文章 2012「環境教育における環境倫理の使命と役割」日本環境教育学会編『環境教育』教育出版、95-106頁。
15） 寺本剛 2009「環境倫理における「弱い人間中心主義」」中央大学文学部紀要哲学科51号、48-51頁参照。
16） M. Nerfin, ed., 1977, *Another Development: Approaches and Strategies*, Dag Hammarskjold Foundation.
17） セルジュ・ラトゥーシュ 2010『経済成長なき社会発展は可能か？』中野佳裕訳、作品社。
18） ヘレナ・ノーバーグ・ホッジ 2003『ラダック懐かしい未来』『懐かしい未来』翻訳委員会訳、山と渓谷社。
19） World Commission on Environment and Development, 1987, *Our common future*, Oxford University Press.（環境と開発に関する世界委員会編 1987『地球の未来を守るために』福武書店）。
20） 食と農の応援団ホームページ（http://www.ruralnet.or.jp/ouen/meibo/423.html, last visited 20 November 2015）。

第6章　学校における環境教育学の構想

荻原　彰

1　近代学校制度の使命と宿痾

　明治期に導入された近代学校制度は官僚・軍人・技術者・医師といった国家社会を支える専門家の選抜と養成をその最も大きな使命としていた。帝国大学や軍士官学校、高等師範学校といった学校群を頂点として高等学校、中学校、実業学校、そして小学校といった初等中等教育制度が整備された。一見、専門家養成とは直接のかかわりを持たない初等教育であっても、初等教育が中等教育・高等教育へ至る階梯の1段階である以上、初等教育が専門家の持つそれぞれの分野での知識技能の基礎となるのは明らかであり、専門知へとつながる（というよりも専門知の一部である）いわば知のはしごが仮定され、児童がそれを上ることが期待されていた点では中等教育・高等教育と変わるところはなかったのである。学校の持つこの基本的性格は戦後の教育改革においても変更されず、現代に至っている。

　学校が現代の高度科学技術社会を支える専門家を選抜・養成するという機能をまがりなりにも果たしてきたがゆえに、現代社会が存立しえたと言えるのであり、その意味で学校は現代においても一定の成功を収めていると言ってよいだろう。しかし、学校のこのような機能、すなわち児童生徒学生（以下児童生徒と略する）を長い知のはしごへと追い立て、上らせ、どこまで高く上ったかに応じて社会的地位を配分するという選抜・養成の機能を学校が一手に引き受け、それなりに成功してきたことが、逆にその機能の高進に由来するいくつかの深刻な問題をもたらしている。

その代表的なものは次の3つであろう。

(1) 学校教育が競走による選抜の原理に基づいているため、学校や地域の共同体における社会関係資本を食いつぶしている

　学校はひとつの共同体であり、児童生徒同士、教師同士、教師と児童生徒といったつながり（社会関係資本）により機能している。このつながりはさらに地域の人々とのつながりに支えられている（共同体としての側面）。

　一方、学校には上述のように競走による選抜を行う選別装置という別の側面もある。競走による選抜はゼロサムゲームであり、誰かが勝てば誰かが負ける構造になっている（選別装置としての側面）。このふたつの側面は矛盾しているように見えるが、実は共同体としての側面を基盤とし、その上に競走が成り立っている構造になっている。つながりがズタズタになってしまっている荒れた学校では落ち着いて学習に取り組み事などできず、競走の機能も十分に発現しない。

　しかし、競走、とりわけ学校における競走においては、テスト得点に典型的に示されるように、能力は個人にもっぱら帰属するものとみなされ、個人を支えている仲間やまわりの大人、地域共同体とのつながりは捨象される傾向がある。このような能力観が個人に内面化されれば、「選抜の勝者＝すぐれた人、選抜の敗者＝劣った人」という図式が人間関係を覆い尽くし、序列意識が人と人とのつながり（社会関係資本）を寸断していくことは容易に想像できる。つまり学校が持つ選別装置としての働きは共同体を成立させている社会関係資本にその基礎を置きながら、同時にその基礎を内部から食い破り、時に学校の荒れという形で教育を崩壊させてしまうのである。

(2) 専門知へのはしごという枠組みに収まりきれない領域は、たとえそれが重要な問題であっても軽視される

　学校教育の中核である教科は専門知のはしごとして機能しており、それぞれの教科はいわば専門知の出店となっている。教科教育の専門家が使う「親学問」という言葉はこのことを象徴的に示した言葉であろう。そのため専門知の

縄張り（守備範囲）はそのまま教科の縄張りに反映する。

　縄張りをつくること自体は悪いことではない。対象とする問題を限定し、前提を共有することによって生産的な議論と厳密な論証が成立するからである。しかし、問題の限定は精緻な議論を保証すると同時にそれを越える議論を封じ込めるいわば逆機能を持つ。このことに自覚的でない限り、逆機能を抑止することはできない。クリス・ベーテは「環境教育はみんなの仕事だ。つまりだれの仕事でもない。もちろん私の仕事ではない！」[1]と教師の否定的な反応を戯画化しているが、このように、環境教育のような誰もがその重要性を認める領域であっても、各教師の縄張り（教科＝専門知へのはしご）に収まりきれない領域は無視されたり、軽視されがちになるのである。

(3) 学びのリアリティが失われている

　医学部において近年PBL（Problem Based Learning）という授業形態が広がってきている。PBLとは現実の臨床場面から題材を取った症例シナリオをもとに討論し、仮想的に診断・治療を行うもので、自己学習が前提となっているため、かなりハードな授業ではあるが、学生のモチベーションは格段に上がるという。医学部のPBL導入は、学生のモチベーションが低く、出席を取らない授業がガラガラになるという教授陣の危機感がひとつの背景となっている。

　初等中等教育でもっとも優秀な成績をおさめてきたはずの医学生であっても、なぜ学ばなければいけないのかという学びへの必然性の感覚、学びのリアリティがなければ学ぼうとはしないし、逆に仮想的ではあっても医師として医学的知識を活用する、主体性を求められる場面では、学びのリアリティが立ち上がってくるということなのであろう。

　この事情はもちろん、医学部に限ったものではない。むしろ「医学部ですら」というべきであろう。あらゆる学校段階を通じて、学びへの必然性の感覚、学びのリアリティの喪失は普遍化しており、その回復のための努力が求められているのである。

　学校教育の抱えるこの3つの問題は従前からたびたび指摘されてきたことである。というよりも、おそらくほとんどの近代学校教育の革新運動はこれらへ

の対応として考えることができるであろうと思われるほど普遍的で構造的な問題である。

環境教育の実践者・理論家たちの多くも、この課題に応えることを試みてきた。ここではこれらの課題に対応するため、学校教育における環境教育に何ができるのか、そして環境教育を学として構築することの意味を考えてみたい。

2　環境教育にできること——知のはしごをたばねる

(1)　知のはしごとしての教科

教科は専門知へのはしごとして機能していることを述べたが、それをより具体的なイメージとして述べれば次のようになるだろう。初等中等教育理科の生物分野を例に取ると、生物分野は「生物と環境のかかわり」、「生命の連続性」、「生物の多様性と共通性」、「生命の構造と機能」という4本の柱で構成されている。そしてたとえば「生物と環境のかかわり」の柱の到達点、つまりはしごの最終段は高等学校生物の「生態と環境（個体群と生物群集、生態系）」であり、最初の段が小学校3年の「身近な自然の観察（身の回りの生物の様子、身の回りの生物と環境のかかわり）」である。小学校3年から高等学校生物へと、それぞれの学校・学年段階に知識パッケージが存在し、それらを一つひとつ内化していく（知のはしごを上っていく）と、その総和が初等中等教育における生物教育での獲得すべき内容となるという構成になっている。

他の教科でも事情は同様であろう。そこには普遍的で伝達可能な知の体系が存在する（という仮定がある）。それを教えるための方便として、知識体系をある程度のまとまりを持った知識パッケージに分割し、発達段階に応じて易から難、身近な世界からより広い世界へ、特殊から普遍へとスモールステップでたどれるように再構成するのである。

(2)　環境教育は知のはしごになりうるのか

以上のような方法が環境教育の世界で果たしてうまくいくのだろうか。もちろん各教科の環境教育に属する部分はこのような方法でそれぞれの知のはしご

に組み込まれてはいるだろう。しかしひとたび地域の環境問題や自然と人間の関係に踏み込んでしまうと、それらを総体として扱えるような知の体系が存在しないことはすぐに明らかになる。ある特定の産業による海の汚染というような因果関係が明白な問題であっても、生物濃縮、海流、地域に占める当該産業の経済的・社会的地位、中央政府や自治体とのかかわり、法的責任といった問題が何重にもかかわり合って容易に解きほぐし難い、そして各地域に固有の関係の束を形成しているのである。

この複雑な問題に直面した教師(環境教育の実践者)は何をどう学べば環境を学習したことになるのか、どう行動すれば環境を良くすることができるのか、そもそも良い環境とは何なのか、その糸口を探すことから始めねばならない。しかし、その糸口すら容易に見つかるものではない。

だからこそ様々な学問からの知見を総合して環境教育学を構築すべきということなのかもしれない。しかしそんなことが可能なのだろうか。「生態学」と「社会学」、「気象学」と「経済学」というような方法論も内容も全く違う学問を適当に切り取ってきて組み合わせて果たして学問と言えるような固有の方法論と知見を備えた、端的に言えば大学でひとつの講座を形成できるような領域ができるものだろうか。できたとしてもそれは実践者が学びたくなるような生産的なものになるのだろうか。疑問はつきない。

(3) しかし環境教育は必要だ!

環境教育は学問たり得るのか、自信がなくなってきた。少なくとも既存の学問のイメージからは遠いようだ。しかし考えてみればほとんどの人は環境教育の必要性は認めてくれるであろう。つまり環境教育が学問として成立するのかどうかにかかわらず環境教育は必要なのだ。

必要なのにどうしていいのかわからない。そんなときやるべきことはとりあえず実践してみることである。環境問題や環境にかかわる様々な課題(たとえば資源・エネルギー問題、地域おこしなど)が存在するとき、まずはその課題を様々な文脈で共同的に吟味してみるのである。地域に廃棄物処分場立地の問題が持ち上がったとしてみよう。処分場から漏出する可能性のある重金属の問題

(自然科学)、処分場予定地域の土地利用の問題(地理)、予定地域への補償金や自治体収入への影響(経済)等の様々な視点から、皆で(この場合の皆というのは必ずしも児童生徒に限定されるものではない。地域の問題ならばむしろ地域の人々を巻き込んで考えるのが自然だろう)考えていく。

　このような実践の場合、クリアな結論に到達することはあまり期待できない。テレビの論客のようにスカッとした首尾一貫した論理で押しとおす事も難しい。雑駁さとあいまいさを含み、時には多少の矛盾をはらみながらも暫定的な着地点を探さざるを得ない。大事なことは自然科学など特定の学問や教科に立脚した局所最適を目指すことではない。その助けを借りながらもその論理に全面的にもたれかかるのではなく、絶えず問題の全局面を見ることを志向しながら、ひとまずの意思決定を行うことである。

　何だかずいぶんと頼りないことだと思われるかもしれない。そんなことでは問題ごと地域ごとにバラバラな学習、普遍性のない学習になってしまうのではないかとも思われるだろう。ある意味そのとおりである。しかしそれは問題ごと地域ごとの固有性を反映してバラバラになるのであり、いわば必然的にバラバラ化しているのである。

(4) 専門知から見た環境教育

　以上のプロセスを専門知の立場から見るとどうなるだろうか。結論から言うと非常に危なっかしい教育と見えるであろう。上述のように教科は専門知のはしごの一部分であり、初等中等教育で教えるべき各教科の知識の総体を、順序を追ってたどれるように再構成したものである。しかし環境教育の対象となる課題はそのような知のはしごの体系性、順序性に収まりきるものではない。小学校の児童が扱う課題であっても、通常、中学校や高校で扱う知識が必要な課題も当然出てくる。というよりも、そんなものだらけと言うべきであろう。そのような学校・学年の段階を飛び越した知識を「知識A」としてみよう。知識を系統的に積み上げていくという教科教育の観点からすると、「〔知識A〕を理解するためには〔知識B〕と〔知識C〕が必要なのだからまず〔知識B〕と〔知識C〕を教えるべきだ」ということになるはずである。ところが、その

ような迂遠なことを行っていてはいつまでたっても課題そのものに迫ることはできないし、そうこうするうちに教師も生徒も課題への熱気は冷め果ててしまうだろう。やはり多少生煮えの状態、「半わかり」の状態であっても「知識A」を直接導入し、状況のなかで理解していくしかないのである。これは専門知から見て実に危なっかしい「知識のつまみ食い」、体系的理解の放棄に見えてしまう。専門知へのこだわりが強い高等学校の教育に環境教育がなかなか浸透できないのはこのような理由によるものと思われる。

(5) プリコラージュとしての環境教育

「バラバラ」だとか「つまみ食い」だとかずいぶん悲観的なことを述べた。しかし、私はそこにこそ環境教育の可能性があると考えている。環境教育を教科のように一定の体系性を持った知識の集合体と考えると「基礎からの積み上げ」とか「普遍性」にこだわらざるを得ない。しかしそれではうまくいきそうもない。だとしたら「環境教育は知識の体系ではない。つまみ食いで結構！」と開き直ったらどうだろうか。考えてみれば肉ばかり食べていては高脂血症になるし、ご飯ばかり食べていては糖尿病になる。あれこれ「つまみ食い」するから健康な体になるのである。環境にかかわる課題を考えるときも同様であろう。

「つまみ食い」ではどうも体裁が悪いようならば「たばねる」と考えれば良い。それぞれの分野を極めることを求めるのではなく、ひとまず手持ちの知識を活用し、それで足りなければあちこちからかき集めてきて、それらをたばねて（再組織して）環境に関する課題について考えていくのである。知のはしごを下から順番に上っていくのではなく、知のはしごをたばねるのである。

これは理論どおりにあらかじめ設計する「エンジニアリング」ではなく「プリコラージュ（器用仕事）」的な知であるといえよう。個別の状況や個々の学習者、学習者共同体と緊密に結びついた属人的な知であり、その場において共同的に構成される能動的な知である。環境教育はこのような形の営みであると私は考える。そしてプリコラージュはエンジニアリングに比して劣っているわけではなく、もうひとつの知の形である。

以上述べてきたことはやや抽象的になってしまい、何か学校教育の現場にそぐわない非現実的なことを述べているという印象を持たれるかもしれないが、実はすぐれた環境教育の実践には多かれ少なかれ見られる性質である。
　東京都の小学校教師であった大森亨は荒川河川敷でお昼を食べる弁当会を皮切りに荒川の各所で自然探検を行い、絶滅危惧種のヒヌマイトトンボのヤゴ放流や教室でのヤゴ飼育・観察へとつながる活動のなかで児童がヤゴの生息環境として荒川を認識するという実践を行っている。この実践は荒川河川敷でのトンボ池作り、さらに荒川の河川改修の歴史、明治の大水害、ワンド造成のような多自然型工法、戦国時代の治水などの学習へと発展し、河川改修にまつわる人々の思いを、工事責任者青山士を軸にして描いた「荒川放水路物語」劇の作成・上演も行っている。実に様々な要素からこの実践は構成されている。かなりバラバラにも見えるだろう。しかしこの実践は大森とこのクラスの児童が紡いだひとつの物語と見ることができ、各要素がその物語の中で必然的につながりあっているのである。要素間のつながりは生態学とか歴史とかの領域の中での系統性ではない。人と荒川のかかわりを知りたいという教師と児童の願いがまずあり、その願いを追求していくプロセスのなかに自然に引きよせられてきた、物語の流れのなかでのつながりである。私の言おうとする「ブリコラージュ」的な知とはそのような意味である。

(6) 「知のはしごをたばねる」教育の有用性

　環境教育を「ブリコラージュ」的な知、知のはしごをたばねる知と考えた場合、次に問題になるのは、そもそも知のはしごをのぼるべく設計され、機能してきた学校教育にそのような形の知がなじむのか、知のはしごを上るという学校の重要な機能への障害になり、あぶはち取らずにならないのかという問題である。実際、理科教育や数学教育の関係者はこのような懸念を強く持っている。しかし、知のはしごを上る教育と知のはしごをたばねる教育は実は矛盾したものではなく、むしろ前者は後者により促進され、学校教育は後者によって、より豊かなものになり、第1節で述べた課題の解決にもつながっていくと私は考える。

第1節で医学部PBLについて述べたが、医学部PBLのことを知ったとき、実は私は少し驚きを覚えた。従来であれば臨床医学の授業は膨大な体系的知識を講義で教える。ところがPBLでは特定の症例を学生同士で長時間かけて話し合い、話し合いの間、教師は基本的に教えるということをしない。私が覚えた疑問は「体系的に医学知識を知る時間が足りなくなってしまうのではないか、特定の症例について検討することは知識に偏りをうむのではないか」であった。そこでその疑問を私の勤務する大学の医学部のPBLを担当する教授に聞いてみた。答えはこうである。

　「大量の知識を浴びせかけるような講義一辺倒の教育では、結局、知識・スキルは身につかない。国家試験対策でその場しのぎの勉強しかやってこない学生は考える力が身につかず、最悪の医師になってしまう。発想を転換し、学生の興味関心により、多少の知識の凸凹ができても、自ら考え、学習していく力を身につけさせることに教育の重点を置くべきである。」

　これは医学という専門知内部での話であるが、非常に示唆的である。医師という典型的な学問的専門職（learned professionals 学問的基盤に支えられた自律的な専門家）、専門知が受肉したような職業の教育においても、体系的知識を教師から学習者へいわば転写するような教育は限界を迎えているのであり、症例という現実世界の事例に導かれ、話し合いの場で構成されていく共同的・能動的な知が求められている。

　同様な変化は初等中等教育にも起こっている。OECD（経済協力開発機構）がDeSeCo（Definition and Selection of Key Competencies 能力の定義と選択）というプロジェクトで開発した現代社会で各人に求められる能力モデルは、カギとなる3つの能力（「相互作用的にツールを用いる」、「異質なグループにおいて、相互にかかわりあう」、「自律的に行動する」）と「思慮深さ」から構成されている。このうち「相互作用的にツールを用いる」は言語、知識、テクノロジー等のツールを用いて世界と相互作用する能力を指す。いわゆる知的能力はこのカテゴリーに属すると考えられるが、「Use tools interactively」という動詞に示されるように、能力が各人に所有されているという静的なモデルではなく、状況に応じて能力が立ち上がってくるという動的なモデルであり、知識は持つものというよ

りも運用 (knowledge management) されるものである。もちろん運用するためにはその目的となる課題が必要であり、その課題は特定の知のはしごの内部で解決できる課題よりもむしろ知のはしごをたばねて当たらなければ解決できない総合的な課題、「ブリコラージュ」的な知を必要とする課題の方が望ましいだろう。松下佳代は「キー・コンピテンシーの形成においては、カリキュラム・マップのように能力を個々別々の要素に分解するのではなく、統合された問題中心の学習を行わせること、差異や矛盾をはらむ『現代生活の複雑な要求に直面する反省的実践』を行わせることなどが提案されている。そうした課題は、生徒の思考、感情、社会関係を統合的に結集して挑戦する価値のある課題でなければならないだろう。そのような経験を通じて、能力が間接的に高められていくのである」と述べている。環境に関する課題はまさにこのような課題である。実は真に効果的な知、実践場面で有用な知を身につけるためには知識のパッケージを一つひとつ内化していくだけでは十分ではない。環境教育のような知のはしごをたばねることを必然的に要求して来る教育が必要なのである。

この章の最後に第1節で述べた問題群のなかの「専門知へのはしごという枠組みに収まりきれない領域は、たとえそれが重要な問題であっても軽視される」、「学びのリアリティが失われている」という課題に立ち戻っておこう。学校はもはや専門知へのはしごを上ることだけを目的とした場所ではない。専門知が真に有用なものであるために、そして知のはしごの内部に閉塞することによってもたらされる学びのリアリティの喪失を克服するためにも、知のはしごをたばねて課題に挑んでいく教育が効果的であり、必要である。環境教育はまさにその生ける実例であり、上記の問題の解決に大きな役割を果たしうるのである。

3　環境教育にできること——社会関係資本の再生

(1)　共同性の衰弱

学校は児童生徒、教師、学校職員、そして地域の人々等、様々な人々のかか

わりによって維持・更新されている共同体である。しかし近年、学校を支える人と人とのつながり（社会関係資本）の弱体化が様々な論者により指摘されている。そのひとつの要因は第1節で指摘したように学校の選別装置としての機能が肥大化することにより、その意識面への反映である序列意識が人々に浸透することである。人々は学歴・学校歴に過敏になり、地位分配装置としての学校の機能のみが過剰に意識され、学校は予備校化する。ここで言う「予備校化」と言うことの意味は、学校が上級学校や就職のための通過駅としてしか意識されなくなり、人と人とがつながる場、つまり共同体としての側面が弱まっていくことを指す。

　実はこのような傾向は学校に限定されたことではない。職場でも家庭でも病院でもケア施設でも、どの場でも同じような事が起こっている。共通していることはそれぞれの場の機能が単純化し、その機能の効率的な遂行に対して夾雑物と思われるようなものは排除されてきたことである。共同体的側面はその最たるものであろう。進学校を目指す学校はまず文化祭や遠足を切り捨てていくのである。

　学校の機能の単純化を推し進めるべしとする論者も社会学者を中心に存在する。「人間性」とか「共同体」のような訳のわからないお題目を切り捨て、「勉強を教える」ことだけをせよというのである。スッキリした議論である。魅力を覚える。生活指導が苦手だった私のような教師にとっては特にそうである。しかしうまくいかないだろう。この理屈は高校で言えば、進学校ならうまくいくだろう。しかしいわゆる底辺校ではうまくいかない。生徒が勉強をする気になるためにはまず安定した信頼できる人間関係、つまりは共同体をつくることから始めなければならないからである。荒れた学校では勉強どころではないのだ。

(2)　共同性のつくり直し

　実は環境教育は社会関係資本の再生あるいは「共同体をつくること（つくり直すこと）」に大きな貢献をなしうる。環境教育のすぐれた実践はしばしば（というよりもほとんどの場合）、教室の外へと広がっていく。教師にとって教室か

ら児童生徒とともに飛び出していくことはかなりの勇気を必要とする行為である。学習について一定の目当てを立ててはあっても、教室の外には教師のコントロールできない様々な要素があふれているからだ。学習がどう転がっていくか分からないのである。しかし逆に言えばそのような行為は学校が排除してきた夾雑物をもう一度学習のなかに持ち込むことであり、それらの夾雑物は世界との新たな関係性を教室のなかに一緒につれて入ってくる。それは実践を豊かなものにし、衰弱した共同性を立て直す可能性を秘めている。

新たな関係性の代表的なものが地域の人々とのつながりである。昔の川遊びを語る○○君のおじいさん、地場産業の生き残ってきた工夫を見せてくれる小さな工場の経営者、何ということのない川だと思っていた学校近くの川に生きる希少種を熱く語る地元の高校の生物の先生など様々な人々との出会いは地域の人々とその生活の多様性と奥深さ、総じて言えば地域とそこに住む人々の魅力に気づかせてくれる。そして、そのような出会いはしばしば地域への愛着と地域の抱える課題、たとえば汚れた川、寂れていく商店街などへの危機感を喚起し、課題解決のための行動（コミュニティ・ソリューション）へつながっていく。

例をふたつほど挙げてみよう。福井県小浜市に小浜水産高校という学校がある。この学校ではダイビングクラブの生徒たちが潜水の途上で多くのゴミが海中に散乱している状況を目にし、また地元の漁業者から、かつての湧いたように魚がいた若狭湾の話を聞いてもう一度美しい若狭湾を取り戻すため、「アマモマーメイドプロジェクト」と名づけたアマモ場再生の活動を始めた。具体的には、市民・漁業者・小中学校の児童生徒と協力して大規模な海岸清掃・海底清掃活動を行い、アマモの苗を市民に育ててもらうため講習会（講習会名：「アマモ里親大作戦」）を開き、育った苗をクラブの生徒が海底に定植する活動を行っている。その結果、1000m^2以上のアマモ場が再生できただけでなく、アマモが種子をつくり、自然にアマモ場が広がるサイクル自体が復活したことが確認されている。高校生たちの活動は地域にもそれに対応する活動を引き起こす呼び水ともなった。環境の勉強会や行政への提案を行う「アマモサポーターズ」という市民団体が組織され、現在では山・川・海といった流域一体の環境

再生活動にも取り組んでいるのである。

　カリフォルニア州メンドシノ郡アンダーソン・バレー高校の「谷間の声」プロジェクトはアンダーソン・バレーの歴史を高齢者から聞き取り、記録して本やCDにまとめる口承史のプロジェクトであるが、このプロジェクトにより、アングロサクソン系の多い高齢者たちと、多くはヒスパニックである高校生との間に世代・民族を超えた友情が育まれたことが報告されている。このプロジェクトの始まる前には、高齢者は高校生を「ならずもののガキども」と感じていたし、高校生の方も、老人と自分たちとが共有するものなど何一つないと感じていたのである。しかし、このプロジェクトを通じて高齢者は、若者の示した地域史への関心に感銘を受け、高校生は、高齢者もかつて自分たちと同じ若者だったことに気づき、人生の先輩への尊敬の念を示すようになった。

(3) 環境教育による社会関係資本の形成

　アメリカの州環境教育円卓会議により1998年に行われた「学力格差を縮小する」(Closing the Achievement Gap)[3]と呼ばれる研究では、上述のような、地域とかかわる活動により、児童生徒は「自分たちが、学校や地域社会に実際の変化をもたらすことが出来ることを感じ」、他の児童・生徒、教師、地域の人々との「共同的状況の中での学び」、「誰かを助けることは、自分自身を助けることだということを学ぶ」ことを通して「連帯感」を獲得することが指摘されている。また環境教育研究者であるジャック・チンは「若者が自分たちの地域と環境へのつながりを強めていくと、彼らは、所属感と自分への信頼を持つようになっていく」としている。

　第1節で「学校が持つ選別装置としての働きは共同体を成立させている社会関係資本にその基礎を置きながら、同時にその基礎を内部から食い破」ることを述べた。環境教育に代表されるコミュニティ・ソリューションが呼び込む教室の外との世界のつながりは、このような破綻への道をいわば逆回しにし、教室の内と外双方に共同性を復活させ、強力な社会関係資本を形成しうる可能性を持っているのである。

(4) 学校は「社会の錨」になりうるか

　このシナリオをもう少し先に進めてみよう。あるいは楽観的すぎるかもしれないが、社会を再生させ、安定させる「社会の錨」(OECD) としての学校の可能性を考えてみたいのである。

　古くはトクヴィルが指摘しているように近代化の過程は村落共同体などの中間集団の解体と個人の原子化の歴史でもある。現代の資本主義はその傾向を徹底的に推し進め、中間集団の機能を資本の提供するサービスに次々に代替し、今や家族という最も基礎的な中間集団すら解体しようとしている。「無縁社会」の到来である。この過程は一方で個人の解放でもあるが、よるべなき裸の個人が生産と消費という資本主義的関係でのみ結びつく社会の現状に多くの人々は慄然たる思いを抱き、どうにかして社会関係資本の再生を行おうとしている。

　社会関係資本の再生を願う人々が期待をかけているのは、実は学校である。広井良典が全国の市町村を対象として行った「地域コミュニティ政策に関するアンケート調査」のなかの「コミュニティの中心となる場所」を答えてもらう質問に対する回答の第1位は学校であった。学校と地域の遊離ということはしばしば言われるが、それでもやはり地域は学校に期待していることがわかる。総務省は「地域活性化の拠点としての学校」に注目した事例研究を行なっているが、その研究報告には、隠岐島前高校の事例が取り上げられている。廃校の危機に直面した高校と地元自治体が「島前高校魅力化プロジェクト」を立ち上げ、地域の実情を学び、地域の課題解決に実際に取り組む「地域学」の実践、島で過ごす4泊5日間の体験を通して、全国の中高生に人とのつながりを感じてもらう「ヒトツナギ部」（部活動）の試みなど「隠岐島前高等学校を起点に、地元三町村（海士町、西ノ島町、知夫村）、学校、地域住民、各種団体などを巻き込んだ地域総がかりの教育改革と持続可能な地域づくりに挑戦」(奥田麻依子)を行っている。学校教育が学校内だけでなく地域における人と人とのつながり（社会関係資本）が生起する媒介となり、学校が地域再生の拠点となっていることがわかる。大人が子どもに向き合うことで大人同士の絆も生まれているのである。

学校の持つ上記のような可能性を考えるならば、教育を核とした共同体再生も決して夢物語ではないと考える。ただそのためには学校の社会における役割を変えていかなければならない。国家のための人材養成装置という機能と同等以上の重みで、地域の未来への責任を持つことを位置づける、すなわち地域社会の課題を解決する主体的市民を育てることを学校の使命として設定すること、そして児童生徒を教育の単なる客体としてではなく、責任ある市民、社会変革をともに行う主体として捉え直すことが必要となるのである。
　そのとき、学校は、環境保全・再生をはじめ、様々なコミュニティ・ソリューションの活動を教育の主要領域として教育活動に組み入れ、その活動のなかに学校の内外に広がる人と人とのつながりを引き込んでいく地域の中心、「社会の錨」となることができるだろう。

4　環境教育学とは何か——暗黙知と形式知の往還という視点

　この論考のまとめとして学校教育の観点から「環境教育学」とは何かについて考えてみたい。第2節で環境教育の実践はブリコラージュ的な知、すなわち「個別の状況や個々の学習者、学習者共同体と緊密に結びついた属人的な知であり、その場において共同的に構成される能動的な知」の営みであることを述べた。これは明らかに伝統的な意味での学問とはかなり異なる営みであると考えざるを得ない。
　では学問とは何かと正面から問われれば答えに窮してしまうのだが、物理学、生物学、あるいは経済学、心理学など典型的な学問と言われるものは、その学問の対象となる事象を何らかの仮定のもとに抽象化（たとえば物体を質量と位置を持つが大きさや形を持たない質点とみなしたり、人間を経済合理性を唯一の行動基準とするホモ・エコノミクスとみなすなど）し、それをタネとして普遍的な法則を導き、その法則から多様な現実世界を説明し、さらには現実世界を制御しようとする営みだと言えるだろう。つまり要素還元主義的な営みなのである（ちなみにこれは悪口ではない）。
　しかし、環境教育の場合、規範的意味合いが期待されるようなすぐれた教育

実践であればあるほど上述のような定式化をはみ出し、アドホックな要素を多量に含んでしまうように見える。つまりすぐれた環境教育実践はあたかもひとつの演劇のようにそれぞれが固有の物語性を持っているのであって、これを無理矢理抽象化しようとすると個々の実践の持つ生命力を感じられなくなってしまうのである。これでは学問まがいのものができたとしても、塩味のない梅干しのように何ら魅力の感じられないものになってしまうであろう。

　では環境教育は学問とは無縁のもの、学問として構築しようとすることは無駄な試みなのだろうか。そう言い切ってしまうのもこれまた早計だろう。というのは、環境教育の実践を精細に読み解く（テキストとして読む場合もあれば、授業等として見る場合もある）ためには、やはり学問的概念が必要だからである。たとえばエンゲストロームの「スプリングボード」（ダブルバインドの状況を突破するために利用されるイメージとか出会い）、ウェンガーの「実践共同体」（特定の問題領域への関心や情熱を共有し、どのようにしたらその領域においてよりよい実践ができるかを相互交流や役割構造を通して経験的に学習していく人々の集団）といった概念は環境教育実践を読み解くのにたいへん役立つ概念だと思う。これらの概念を上のように定義として示されても何のことやらあまりピンとこないだろう。また実践を見たり、実践記録を読むだけでは、表面的な事象の流れを追うことにとどまってしまう可能性がある。しかしこれらの概念を実践を読み解くツールとして使うと、課題に直面した児童生徒の思いや行動、学習への仕掛けを行う教師の意図などを深く把握することができる。実践者（学校の場合は主として教師となるが、必ずしも教師に限定されない）自身も自分の実践の意味を把握し、反省的実践者として次のステージへと実践を高めていくことができる。

　概念の世界（学問）を実世界（実践）を単に抽象化した空中楼閣と考えるのではなく、実践を読み解き、改善していくツールとして使えば、学問と実践の関係はとても生産的なものになる。もちろんこれは学問から実践への一方通行ではない。実践者自身も必ずしも意識していない、言語化されていない知（暗黙知）を言語化（形式知）し、概念として明示化することによってその経験を縮約し、誰にでも理解可能なものにすることができる。実践から学問への道もまた不可欠である。

まとめてみよう。私の構想する環境教育学は、実践者と学習者が創り出す豊かな実践の世界に伴走し、形式知（実践者の暗黙知の言語化したもの、他領域の有用な概念も含む）を実践に対して投入し、環境教育の実践を改善していく営みである。比喩的に言えば実践の編集作業であり、環境教育研究者は実践のエディターである。したがって環境教育学の構築というのは、何か固有の知識体系の構築というよりも暗黙知と形式知の往還の経路の豊富化・実質化にあると考えている。

　なお環境教育学には必ずしも実践の改善に焦点を置かず、環境教育を思弁的に考察する分野も含まれるとは思うが、それは本書中の他の著者の考察に譲りたい。

【注】
1) Chris Buethe, 1987 "Alternative Curriculum Models for Environmental Education" in John F. Disinger ed. *Trends and Issues in Environmental Education:EE in School Curricula*, ERIC Clearinghouse for Science, Muthematics, and Environmental Education, pp.73-77.
2) 松下佳代 2010「〈新しい能力〉概念と教育──その背景と系譜」松下佳代編著『"新しい能力"は教育を変えるか──学力・リテラシー・コンピテンシー』ミネルヴァ書房、1-42頁。
3) Gerald Lieberman and Linda Hoody, 1998, *Closing the Achievement Gap: Using the Environment as an Integrating Context for Learning. Results of a Nationwide Study*, State Education and Environment Roundtable, p.117.

第7章　小学校教育現場から環境教育を再考する

飯沼　慶一

1　小学校低学年児童の「自然体験」と教師の役割

(1)　自然体験の重要性

　環境教育は「自然体験」に偏りすぎ行動に結びついていないという批判がある。しかしながら、自然体験は環境教育にとってひとつの基盤となる体験であることに異論はないであろう。

　環境教育における自然体験の重要性は、多くの人たちによって語られてきた。たとえば、自然体験活動を推進する自然体験活動推進協議会の「自然体験活動憲章」(2002) によると、「自然の神秘に満ちた不思議な力に出会うとき、人は深い感動とやすらぎを得ることができます。それは人間がもともと自然の一部であり、自然に生かされているからではないでしょうか。地球に生きるあらゆる生き物が共に暮らせる持続可能な社会を作り、未来の世代に引き継いでいくために、私たちは自然体験がとても重要な役割をはたすと考えています。なぜなら自然体験は、人と自然のつながりを確かなものにするだけではなく、健やかな心と体、生きる力を育み、人と人のよりよい関係を築いてくれるからです。」[1]として自然体験活動の5つの意義を挙げている。

- ・自然体験活動は、自然のなかで遊び学び、感動するよろこびを伝えます。
- ・自然体験活動は、自然への理解を深め、自然を大切にする気持ちを育てます。
- ・自然体験活動は、ゆたかな人間性、心のかよった人と人のつながりを創ります。
- ・自然体験活動は、人と自然が共存する文化・社会を創造します。
- ・自然体験活動は、自然の力と活動にともなう危険性を理解し、安全への意識を高めます。

中央教育審議会も、平成25（2013）年1月の答申「今後の青少年の体験活動の推進について」のなかで、体験活動の意義・効果として、「社会を生き抜く力」の養成、規範意識や道徳心の育成、学力への好影響などを挙げている。たとえば、小中学生時代の体験が豊富な大人ほど、意欲・関心や規範意識が高く、学力の面でも自然のなかで遊んだことや自然観察をしたことがある小中学生のほうが「全国学力・学習状況調査」での理科の平均正答率が高いという結果が出ていると分析している。[2]

　このような中、近年、子どもたちの自然体験は減少傾向にある。「かつての多くの子どもたちは、仲間とともに自然の中で遊びながら、あるいは、地域において生活、成長していく過程で、様々な自然体験・社会体験を日常的に積み重ねて成長する機会に恵まれていた。しかしながら、今の子どもたちをめぐる環境は、心や体を鍛えるための負荷がかからないいわば「無重力状態」であり、青少年の健全育成にとって深刻な事態に直面している。[3]」とあるように、日常的な体験活動が減り、子どもたちの成長によくない影響を与えていると分析されている。

　独立行政法人国立青少年教育振興機構によると、2006年～2010年にかけて学校以外の公的機関や民間団体が行う自然体験活動への参加率は、どの学年でもおおむね低下しており、低学年で見ると、小学生1年生は57.5%→48.2%、2年生は59.1%→50%となっており（図表-1）学校外での自然体験活動への参加が減少している。[4]また、小中学生のなかで自然体験をほとんどしたことがない

図表-1　自然体験活動への参加（%）

	小学校1年生	小学校2年生
平成18（2006）年	57.5	59.1
平成19（2007）年	55.8	55.8
平成20（2008）年	59.3	62.1
平成21（2009）年	50.2	52.2
平成22（2010）年	48.2	50

出典：独立行政法人国立青少年教育振興機構 2014「青少年の体験活動等に関する実態調査」（平成24年度調査）報告書より抜粋して作成。

者も全般的に増加している。

　この原因を内閣府は、「都市化、少子化、電子メディアの普及、地域とのつながりの希薄化といった社会の変化などにより、これまで身近にあった遊びや体験の場や「本物」を見る機会が少なくなったこと、リスクを恐れるあまり周りの大人が子どもに対して過保護になってしまい、必要な体験活動の機会を奪っている面もあることなどが指摘されている。」としている[5]。

　以上のような現状では、全ての子どもたちが必ず学びの場として通う学校教育現場で自然体験を行うことは必須であると考えられる。

　学校教育法第21条では、「小学校においては、前条各号に掲げる目標の達成に資するよう、教育指導を行うに当たり、児童の体験的な学習活動、特にボランティア活動など社会奉仕体験活動、自然体験活動その他の体験活動の充実に努めるものとする。この場合において、社会教育関係団体その他の関係団体及び関係機関との連携に十分配慮しなければならない。」と述べ、文部科学省も、体験活動の重要性について述べていて、環境教育指導資料（2007）のなかでも小学校段階においては豊かな体験活動の推進の意義が述べられている。これが自然体験活動推進の背景にもなっているであろう[6]。

　しかし、ただ自然体験をすればそれでよいのだろうか？　20年ほど前にSTS教育を学ぶ大学院生に、

「環境教育では自然体験が大切だと言うが、自然体験を十分に体験した人たちが、この問題ある社会をつくってきたのではないか？」

という言葉を投げかけられた。

　彼が言う通り、自然体験を行うことが環境教育となっているのだろうか。

　自然体験はあくまでも基礎体験であって、その後の展開が大切になるのは言うまでもないが、実際に低学年の子どもたちに環境教育として自然体験をどのように行っていけばよいのだろうか。

(2) センス・オブ・ワンダーとエコフォビア

　自然体験の大切さは、『沈黙の春』[7]で環境問題の深刻さを訴えたレイチェル・カーソンが、その最後の著書『センス・オブ・ワンダー』[8]で、幼少期の自

然体験でセンス・オブ・ワンダー(＝神秘さや不思議さに目をみはる感性)を育む大切さを述べているが、もう一点注目するべきは、「大人と共に自然と関わる大切さ」を述べている点である。カーソンは、ただやみくもに自然体験をするのではなく、「一緒に再発見し、感動を分かち合ってくれる大人」とともに自然体験をすることが必要であると述べているのである。

　この大人の存在は、学校教育では教師が担うことになり、自然体験の際の教師のかかわり方の指針になってくるのではないだろうか。

　また、デイヴィド・ソベルは「BEYOND ECOPHOBIA(足もとの自然から始めよう)」のなかで、「恐ろしい環境問題を早い時期から子どもたちに考えさせる環境教育」の問題を述べている。早い時期に教わった恐ろしい環境問題により、子どもたちが「エコフォビア」＝「自然・環境恐怖症」を起こしてしまい、環境や自然に関わりを持つことが嫌になってしまう怖さを述べている。[9] 彼は「４年生までは悲劇なし」の環境教育を行うべきであり、足元の身近な環境を理解することから進めていくことが大切であることを主張している。

　低学年への環境教育では、子どもたちに環境の問題を考えさせるのではなく、まず環境自体の素晴らしさや温かみを体験し伝えることが大切ではないだろうか。

　これは、環境教育と発達段階の議論で阿部(1993)が述べる「幼時期では自然(＝自然に対する教育)の中で感性を養うことと大人(親)の愛情につつまれ、子どもどうしもまれて育つこと(＝人間に対する教育)が環境教育の主たる活動であり、それが豊かな［感性］と人間愛や信頼感を育てることにつながる。さらに学齢期においては、学校などで自然のしくみや環境問題(＝自然)について、また人間自身や人間を取り巻く文化・社会問題(＝人間)についての［知識］を学ぶことが、この時期の環境教育の主たる活動となる。そして高学年(さらには成人期)になるに従い、環境(＝自然)を［守り］、環境問題や人間を取り巻く諸問題(＝人間)を解決するための［行動］をとることが環境教育の中心課題になるのである。」と共通するところでもある。[10]

　このように、学校における低学年の環境教育は子どもたちが楽しみ、教師とともに、身近な自然の体験活動を行うことこそが環境教育の基礎になると考え

(3) 生活科と教師の役割

　では実際の学校現場ではどのように実践するのであろうか。低学年における環境教育の中心的な役割を担う教科は、体験活動を行うことを前提とした生活科である。

　生活科の目標は、「具体的な活動や体験を通して、自分と身近な人々、社会及び自然とのかかわりに関心をもち、自分自身や自分の生活について考えさせるとともに、その過程において生活上必要な習慣や技能を身に付けさせ、自立への基礎を養う。」であり、「身近な自然とのかかわりを深め、自然の美しさや不思議さ、面白さなどに気付くとともに、身近な自然とかかわり合う楽しさを体全体で感じ、自然を大切にする心を育てることを願っている。」と述べられている（国立政策研究所教育課程研究センター 2007）[11]。

　この生活科のなかで自然体験は教師によってどのように支援されるべきであろうか。指導要領のなかで、「自分と身近な人々、社会及び自然と直接かかわる活動や体験を通して、自然に親しみ、生命を大切にするなど自然とのかかわりに関心をもつこと、自分のよさや可能性に気付くなど自分自身について考えさせること、生活上のきまり、言葉遣い、振る舞いなど生活上必要な習慣を身に付け、自立への基礎を養うことなど、いずれも道徳教育と密接なかかわりをもつものである。」とし、「道徳教育の要としての道徳の時間の指導との関連を考慮する必要がある。」と述べられている。道徳の指導要領を見てみると、1・2年生の内容の「主として自然や崇高なものとのかかわりに関すること。」として以下の3つの内容が含まれている。

　・生きることを喜び、生命を大切にする心をもつ。
　・身近な自然に親しみ、動植物に優しい心で接する。
　・美しいものに触れ、すがすがしい心をもつ。

　教師が生活科の授業を行っていくときには、当然この道徳の内容も考慮しながら支援していくことになる。

生活科においては、ただ子どもたちが「自然体験」をするだけではなく、生命を大切にする心や動植物にやさしい心で接するということを考えながら教師は支援を行う。これは、カーソンの言う大人（教師）がそばにいるなかで自然体験をすることになる。また、「生きることを喜び」「生命を大切にする」「動植物に優しい心で接する」「美しいものに触れる」「すがすがしい心を持つ」という肯定的な部分を考えながら教師は支援していることになる。
　ここで問題になるのは、教師自身がこの環境教育につながる道徳的な面や自然環境などを肯定的に捉える下地ができているかが問われるのではないだろうか。
　教師自身の自然体験不足や自然恐怖症があると、子どもたちとともにいても共感することができない。ましてや生き物嫌いの教師と自然体験をしたときには、もしかしたら「恐怖の共感」につながるかもしれない。
　これは自然体験だけでなく「社会体験」「人とのかかわり体験」も同じことが言えるであろう。
　低学年の体験活動が環境教育につながるかは教師自体の意識の問題が大きいと感じている。

2　プログラム型学習とプロジェクト型学習

(1)　教科書やパッケージプログラムによるプログラム学習

　低学年の「自然体験」「社会体験」「人とのかかわり体験」を基礎にした後は、どのように小学校で環境教育を行っていくべきなのか。
　学校教員は教科指導においては教科書を使い授業を展開していくことが常である。しかしながら環境教育は、すべての教科・領域のなかで行われるものであるとされているので、現在は「環境教育」の教科はない。（低学年生活科は環境教育の教科と考えられないこともないが）教科ではないので教科書がないのが現状である。しかし、環境教育研究者のなかでは「環境教育を制度化・教科化する」ことが大切であるという意見も多い。もし「環境教育」が教科化されたとしたら教科書を作ることになる。

教科書とは、「小学校、中学校、高等学校、中等教育学校及びこれらに準ずる学校において、教育課程の構成に応じて組織排列された教科の主たる教材として、教授の用に供せられる児童又は生徒用図書であり、文部科学大臣の検定を経たもの又は文部科学省が著作の名義を有するもの」（文部科学省）で、「各学校が編成する教育課程の基準として文部科学省が学習指導要領を定めており、教科書は、この学習指導要領に示された教科・科目等に応じて作成されています。」（文部科学省）。各学校は、教科書を中心に、教員の創意工夫により適切な教材を活用しながら学習指導が進められるとされている。

　教科書は、学習指導要領の内容を漏れないように書かれ、その学習の展開も書かれているものである。教科書に則って授業を行うと、子どもたちは学習指導要領の内容をすべて学ぶことができる。全国どこの子どもたちも等しい内容を学ぶことができるプログラムである。また、「目標─達成─評価」の単位に構成された、教育内容としての知識と技能を階段的に一方的に配列したカリキュラムと、その知識と技能を効率的に伝達し習得する授業によって構成されたプログラム型の学びと言うことができる。[12]

　さて、一方で環境教育では、1990年代から、プロジェクト・ラーニングツリー、プロジェクト・ワイルド、アース・エデュケーション、プロジェクト・ウェットなど盛んに海外のパッケージプログラムが導入され、社会教育現場や学校現場でも多くの指導者・教師によって実践されている。これらのプログラムは、「どこでも誰でも環境教育に取り組むことができる」を合言葉に、日本全国に広がっていった。

　パッケージプログラムは以下のような、多くのメリットがあり、普及していったと考えられる。

・研修を受けマニュアルに従えば手軽に実践現場で使える。
・課題を絞りやすい。
・多くの（疑似）体験が得られ、学習者が積極的に学習に参加する。
・体験型・参加型の活動である。

　このようなことから、パッケージプログラムは環境教育活動を始めるには

もってこいであり、多くの環境教育関係者が取り組み、学校教育・社会教育における環境教育活動の一翼を担っていた。また、海外のものだけではなく日本独自のものを作るべきであると、日本独自のパッケージプログラム・活動集の開発も行われてきた。かくして「アクティブであり、子どもたちが入り込みやすく、どこでも誰でも環境教育に取り組む活動」が普及していった。

　しかしながら、これらのパッケージプログラムと教科書は何が違うのだろうか。学習指導要領に縛られず体験的・参加型の環境教育活動ができることは画期的である。しかしカリキュラム構成については、学校で行われる教科書中心の学びと同じように指導者・教師側が一定の決まった路線をつくり、そこに学習者を乗せて学ばせる従来型のプログラム型学習と同じだったのではないのだろうか（活動内容によってはプログラム型ではないものもある）。

　パッケージプログラムだけでなく、学校教育現場においても、学習内容を計画的に組織したプログラム化された環境教育の学習が盛んに行われるようになった。教師側が周到に準備し、その流れに子どもたちを乗せていくものである。これも新しい内容・方法を使っていても、今までの教科書と同じプログラム型の学習であったと言えるであろう。

　前述のとおり、プログラム型学習は「知識と技能を効率的に伝達し習得する」面は有効であるが、学習者が批判的に考え、問題解決や行動に結びつける環境教育には適した学習法と言えるのだろうか？

(2)　プログラム型学習からプロジェクト型学習へ

　近年、「環境教育」や「国際理解教育」そして世界的なムーブメントとなっている「学びの共同体」の共通点として、プログラム型学習からの脱出を図りプロジェクト型学習が推進されている点が挙げられている。[13]

　このプロジェクト型学習の特徴として諏訪哲郎は、①現実に存在する重要な課題と取り組むことが多い。②より学際的な取り組みとなり情報機器を用いた情報の収集や分析なども取り入れがちである。③グループによる協同的な活動が重視される。④3週間以上の長期にわたる活動が多い　の4点の特徴を挙げている。[14]

第 7 章　小学校教育現場から環境教育を再考する

　日本においてこのプログラム型学習からプロジェクト型学習への転換を促したのは、「総合的な学習の時間」であろう。総合的な学習の時間は、変化の激しい社会に対応して、自ら課題を見付け、自ら学び、自ら考え、主体的に判断し、より良く問題を解決する資質や能力を育てることなどを狙いとし、自分たちで課題を設定し、探究的な学習を行っていくものである。これは、プロジェクト型学習を本格的に学校教育に組み込もうとしたものであったと考えられる。

　プロジェクト型環境教育を行うと、環境や文化などは地域によって違うので、環境教育の実践は全国どこでも同じではなく、当然地域によって独自の実践となる。すなわちプロジェクト型環境教育の研究は「事例研究に始まり事例研究に終わる」ものとなる。

　現在はユネスコスクールをはじめ多くの学校で、プロジェクト型の実践がなされつつある。しかしながら、まだ現場には十分に浸透しているとは言いがたく、教師主導のプログラム型の環境教育や総合的な学習がなされていることも多い。

3　プログラム型からプロジェクト型環境教育への移行私案

(1)　学校におけるプロジェクト型環境教育実践の阻害要因

　では、なぜ学校でなかなか環境教育が広まっていかないのだろうか？　今村（2009）は、環境教育実践に取り組めない教師の「壁」として、フィエンの研究を引用し、環境教育の範囲と内容についての共通認識が不足している「概念的な壁」、時間と資金が不足している「後方支援の壁」、環境教育プログラムを作り出していく生産的な能力が教師に不足している「教育的な壁」、教師が授業やその他の業務を消化していくだけで消極的な職務のあり方を選択してしまう「態度的な壁」の4つがあるが、それ以上に大きな日本における第5の「壁」として学校の多忙さからくる「多忙さの壁」を挙げている。[15]

　今村は「いざ、環境教育に取り組もうとしても、その教育理念や目的を理解することからはじまり、指導計画や指導案の作成、教材の選定や新たな作成な

どまで、他の授業実践に比べかなりの労力がかかる。」と述べている。[16]

今の学校現場では最も大きな「多忙さの壁」をどう克服するかが鍵になるであろう。

プロジェクト型環境教育を行うと子どもたちの自由な発想が生かされ学びも多い。しかしながら、色々な状況に教師が対処していかねばならないために、「壁」を前にして、これ以上忙しくなることや活動がうまく進むのかなどについて不安になる。また何より試行錯誤を繰り返す場面が多いので時間がかかる学習であることも忙しさにつながる。

このようななかで教師がプロジェクト型環境教育に新たに挑むには勇気のいることであろう。プロジェクト型環境教育では、子どもたちは自由に学んでいける。しかし、「子どもたちが自由になればなるほど、教師は忙しくなる。」ときのくにこどもの村学園の学園長の堀真一郎氏が話していたように、なかなか「多忙さの壁」を克服できない。

また、日本の学校独特の「学年の他のクラスと足並みを揃えて学習する」という学習展開もプロジェクト型の教育をやりにくくしているのだろう。

(2) プログラム型学習からプロジェクト型学習への段階的な移行

このようななか、まずやりやすいのは、教師としては慣れている計画的な道筋に乗せる「知識と技能を効率的に伝達し習得する」プログラム型環境教育から少しずつ移行していく方法がある。パターンが決まっていること・子どもたちを一本の道に乗せることで、広範囲の事前の下調べや内容がどんどん広がっていく展開を考えなくてもよいところは取り組みやすい。ここを出発点としてまずは環境教育に取り組みプロジェクト型に移行していくのはどうだろうか。

段階1の既存のプログラム型学習から段階2の課題の選択を経由し、プロジェクト型学習である段階3に移行していくものである。

図表2　段階的な移行

段階1	子どもたち全員が、教師の指導の元、同じ課題に取り組み探究する。
段階2	教師が選択肢を作り子どもたちは自分で課題を選択し探究する。
段階3	課題は学習者本人が見つけ、自分探究する。

プロジェクト型学習が始まる、小学校3年生の総合的な学習の時間のなかで、自分で課題を発見し・それぞれがプロジェクト型学習で課題を深めていくには教師の大きな力量が必要になる。
　まず段階1から始めてもよいのかもしれない。しかし、その後目指すのはあくまでも段階3である。
　また、課題に興味を抱く入り口には、パッケージプログラムを使用したりゲスト講師を招くなどは有効であると考えられる。
　実践の現場を見ていると、

　　子どもの疑問　→　ゲスト講師　→　子どもたちが課題を決めて調べる　→　地域に発信・行動

と展開していく事例をよく見かける。最終的には地域に発信したり自分たちで何らかの行動を起こしたりしていくことがプロジェクト型環境教育の到達点であるかもしれない。

(3) プロジェクト型環境教育の教科書

　環境教育の指針になるものとして「教科書」を作ってしまうと前述のプログラム型の学習に戻ってしまう。しかしながら、忙しい学校教員がプロジェクト型の環境教育を実践していくためには、その進め方をわかりやすく教師や子どもに伝えるテキストブックのようなものが必要なのかもしれない。
　その参考になるのが、韓国理科の「自由探究」である。韓国においては2007年の教育課程改訂の際に、小学校理科（科学）に「自由探究」が取り入れられている。「自由探究」は児童自らがテーマを設定し、研究し、報告書を作成する活動であり、まさに小学校理科教育にプロジェクト学習が導入され、教科書では、自由探究活動の課題設定から研究の行い方・発表の仕方までが記載されている[17]。
　教科書は、「知識と技能を効率的に伝達し習得する」というものであったが、その概念を覆すものであるとも考えられる。知識・理解面ではなくプロジェクト型学習の展開方法や例が示されているものである。

その手順は、「主題設定とグループ分け」「探究計画の作成」「探究活動・中間点検」「最終的な報告書の作成」「報告書の発表」「評価」の6段階で構成されていて、テーマ選定から計画の樹立、探究遂行、結果発表に至るまで、子どもが主導して創意的に行うことができるように指導することが必要であるとされていて、各学年の教科書に「探究プロジェクトの進め方例」が記載されている。

　「主題設定とグループ分け」では、大主題からブレインストーミングで小主題を出していき、小主題に関心のある2～6人の小集団を構成する。「探究計画の作成」では、小集団の構成員の協力により調査内容・役割分担・発表方法などに関する詳細な計画を作る。「探究活動・中間点検」では、情報収集及び分析を行いグループごとに中間進行状況を発表し、その発表を通して児童はお互いの良いところと修正すべきところを話し合う。比較的長い期間行うようになるので、遂行過程のなかで頻繁に進行状況を点検し、適切な助言を行う。そして、「最終的な報告書の作成」では、報告・発表する内容を決定する。「報告書の発表」は学級ごとで、視聴覚資料の利用、劇化・音楽などの表現、クイズ形式なども使いながら発表する。「評価」については知識習得よりも創意的な問題解決能力の向上が評価目標であり、自己主導的で自発性を持って取り組んだかが主眼点となる。

　この事例から考えると、教科書の書かれ方次第でプロジェクト学習の指針を教師や子どもたちに伝えることができるのではないかと考えられる。

　プロジェクト型環境教育の進め方に置きかえると、「主題設定とグループ分け」「探究計画の作成」「探究活動・中間点検」「最終的な報告書の作成」「報告書の発表」の後に「地域への発信・行動」が入り「評価」となるのではないだろうか。

　環境教育が教科化されたり、総合的な学習用の副読本等ができたりするときには、授業の内容を記載するのではなくプロジェクトの進め方を記載すると、教師はプロジェクト型環境教育に取り組みやすくなるだろう。

4　環境教育学の今後に向けて

　現状においても、多くの先生方がプロジェクト型環境教育の素晴らしい実践を行っている。しかしながら、「壁」に阻まれたりプログラム型から抜け出せなかったりして悩んでいる教員も多い。現場教員が少しでも実践しやすくしていくことが課題であろう。
　ここでは、プログラム型から徐々に移行していくヒントや、教科書にプロジェクト型の展開を取り入れていくなどの方策を考えてみた。
　しかしながら、低学年の自然体験そしてプロジェクト型環境教育の両面とも、教員の資質や能力が大きくかかわってくることは避けようがない。今後、教員研修・教員養成で、子どもたちと環境を肯定的に共感でき、そしてプロジェクト型環境教育を指導できる教員を育てていくことが大切であろう。
　子どもたちは一人ひとりが違うので、環境教育を行う「その場・その時」は一度のみである。子どもたちやその集団の状況を見ながら、子どもたち自身が進めていくプロジェクトを子どもたちに寄り添い支援していける教員が増えていくことを願っている。

【注】
1）　NPO法人自然体験活動推進協議会 2002『自然体験活動指導者手帳』山と渓谷社、8‒9頁。
2）　この点については、文部科学省HP「体験活動の教育的意義」(http://www.mext.go.jp/a_menu/shotou/seitoshidou/04121502/055/003.htm, last visted 30 August 2015)。
3）　この点については、文部科学省HP (http://www.mext.go.jp/a_menu/shotou/kyoukasho/010301.htm#01, last visited 30 August 2015) を参照にされたい。
4）　独立行政法人国立青少年教育振興機構 2014「青少年の体験活動等に関する実態調査」（平成24年度調査）報告書。
5）　中央教育審議会 2013「今後の青少年の体験活動の推進について（答申）」。
6）　国立教育政策研究所教育課程研究センター 2007『環境教育指導資料　小学校編』東洋館出版。
7）　レイチェル・カーソン 1974『沈黙の春』青樹簗一訳、新潮社。
8）　レイチェル・カーソン 1996『センス・オブ・ワンダー』上遠恵子訳、新潮社。

9) デイヴィド・ソベル 2009『足もとの自然から始めよう——子どもを自然嫌いにしたくない親と教師のために』岸由二訳、日経BP社。
10) 阿部治 1993『子どもと環境教育』東海大学出版会、9-11頁。
11) この点については、国立教育政策研究所教育課程研究センター 2007『環境教育指導資料 小学校編』東洋館出版、を参照した。
12) この点については、佐藤学ほか編著 2015『持続可能性の教育——新たなビジョンへ』教育出版、9-12頁、を参照されたい。
13) 佐藤ほか・前掲書（注12）。
14) 佐藤ほか・前掲書（注12）76頁。
15) 今村光章 2009『環境教育という〈壁〉』昭和堂、25-34頁。
16) 今村・前掲書（注15）。
17) この点については、飯沼慶一 2016「韓国の小学校「理科（科学）における探求型学習『自由探究』の意義——持続可能な社会を目指す教育の視点から」東洋文化研究18号を参照されたい。

第8章　環境教育の教科化の是非を問う

諏訪　哲郎

1　問題の所在

　地球温暖化や生物多様性の減少、人口増大による食料や淡水の欠乏、あるいは格差の拡大などの様々な課題が押し寄せ、今日、社会の安定のみならず人類の存続さえもが脅かされている。これらの困難な課題を克服して、持続可能な生態系や社会を構築していかなければ、未来の展望は開けてこない。未来の世界に生きる青少年に対して、これらの困難な課題を克服していく力を育むための、「持続可能性を原理とする教育」が学校教育にしっかりと導入されることは、今、何よりも必要とされていることである。持続可能性を脅かす様々な要素のなかでも、環境にかかわる要素はとりわけ重要であるので、環境教育は「持続可能性を原理とする教育」の中核に位置づけられるべきものである。

　環境や社会の持続可能性に関する基本的な正しい知識と、課題解決に主体的にかかわろうという意識は、すべての人々が持つべきものであり、あらゆる教育の機会を活かして普及・定着を図る必要がある。そのためには学校教育のなかにそれらを取り込む仕組みをつくらないことには、目標の達成は困難であろう。

　しかし残念なことに、今日の学校教育は19世紀の国民国家の枠組みのなかで成立した姿を今もなお色濃く残しており、グローバル化と情報化が進展して百数十年前とは様相が全く変わってしまった現代社会に適したものとはなっていない。持続可能性が喫緊の教育課題になっているにもかかわらず、それらに関する教育が正面から取り込まれていないことがそのことを如実に示している。

しかし、世界中で大きな教育改革がすでに始まっており、今後その状況が大きく変わっていく可能性は十分にある。
　20世紀末から世界中で始まった教育改革は、まず学習方法の改革から始まった。学習者に知識を注入する教育から学習者が主体的・協同的に学ぶ学習方法に転換されつつある。日本でも学習方法の改革は、「総合的な学習の時間」の導入や、2014年11月に文科相が次期学習指導要領への諮問で「アクティブ・ラーニング」重視を強く打ち出したことにも見られる。学習方法の改革に続いて求められるのは学習内容の改革で、19世紀に成立した教科の枠組みも、現代の、そして未来の社会に相応しいものに変わっていかねばならない。中央集権的な制約が緩和され、地方分権の進展や学校裁量権の拡大のなかで流動化が進むことによって、新たに持続可能性を原理とする教育が学校教育に導入されていく可能性は十分にある。長期的には、社会の変化を後追いするように学習内容が変化していくのは、ある意味で必然と言える。しかし、「資本と科学技術の暴走」や「国家の私利私欲の追求」が世界中を席巻し、持続可能性の危機が目前に迫っている以上、状況の緩やかな改善を気長に待つのではなく、より良い方向に積極的に、スピーディに動かしていくことが求められていると思う。
　本章では、過去四半世紀の日本における学校における環境教育の歩みを、早々に環境科目を開設した韓国と比較しながら振り返り（第2節）、環境教育（ないし持続可能性の教育）の教科化の必要性についてコンピテンシーとリテラシーというふたつの能力から検討するとともに、環境教育（ないし持続可能性の教育）の教科化は十分に可能性のあるものであることを指摘する。（第3節）、そして、教科化という目標に向かって歩みだすためには、まず、そのための教育パッケージの開発に着手することが重要であることと、指導者育成と研究開発のための研究実践開発センターを国家的規模で設立する必要があることを述べる（第4節）。最後に、長期的視点に立てば、環境教育（ないし持続可能性の教育）の教科化は実現されていくであろうが、地球環境問題や社会の持続可能性の緊急性を考えたとき、教科化を早めるように積極的に働きかけるべきことを改めて強調する（第5節）。

2　日本の学校での環境教育の分散指導と韓国の教科化指導

(1)　日本における環境教育の教科化をめぐる変化

　文部省（当時）は、『環境教育指導資料』の中学校・高等学校編を1991年に、小学校編を1992年に刊行することで、日本の学校教育のなかに環境教育を位置づける姿勢を示した。しかし、『環境教育指導資料』では、学校における環境教育は単独の教科・科目を開設して実施するのではなく、すべての教科・教科外活動に分散させて指導していく方針が明確に示された。1990年に誕生した日本環境教育学会の執行部もその方針を支持していた。その一方で、多様な用務を抱えた学校現場においては、文部省の示したすべての教科・教科外活動に分散させて指導するという方針は実現性を欠いており、環境教育のために時間の枠の確保と環境教育を担う専任教員の存在は不可欠という、「環境教育の教科化」論に相当する主張も存在した。

　1999年度に告示された学習指導要領（2002年度～2004年度実施）で、「総合的な学習の時間」が創設され、そこで取り上げるべき課題として「環境」が例示されたことから、環境教育が活性化することが見込まれた。1992年のリオサミット以降、環境問題に対する社会全体の認知度が向上し、自然学校も急増し、企業におけるCSR活動としての環境教育支援も活発化した。しかし、2002年のヨハネスブルグ・サミットで2005年から2014年を「持続可能な発展のための教育の10年」とすることが提案され、その後国連で合意されたにもかかわらず、学力低下論争の影響もあって、2008年3月告示の現行の学習指導要領では、「総合的な学習の時間」が3分の2に削減され、学校における環境教育は後退傾向にある。日本環境教育学会の会員数も2000年以降伸び悩み、ここ数年は微減で推移している。

　2008年8月に日本学術会議の環境学委員会環境思想・環境教育分科会が「学校を中心とする環境教育の充実に向けて」という提言を発表した。その提言を取りまとめる段階の草稿に「環境教育の教科化」が一旦盛り込まれ、最終提言に向けてのラウンドテーブルでは教科化の是非が意見聴取対象の中心になっ

た。結局、提言では「環境教育の教科化」にまでは踏み込まなかったが、日本環境教育学会内で「教科化」論を活発にさせるきっかけとなった。提言の取りまとめ段階で「環境教育の教科化」が議論された背景には、深刻さを増す環境問題に対する社会的関心の向上にもかかわらず、学校教育における環境教育が停滞気味ではないかという認識が、関係した学術会議会員、同連携会員の多くにあったからであろう。同時に、積極的に「環境教育の教科化」にまで踏み込もうとする意見が出されたもうひとつの背景として、前述の「総合的な学習の時間」の縮小による環境教育の後退に対する危機感もあった。

近年、日本環境教育学会の執行部関係者からも環境教育の教科化を求める意見が次々と出されている。たとえば、阿部治前会長は、以下のように発言している。[2]

> かつて、私は、環境教育の教科化に反対でした。(中略)すべての教科や道徳、特別活動のような教科外の時間も含めて、学校活動のあらゆる時間を通じて、環境教育を扱うべきであると主張してきました。しかし、環境を切り刻んでバラバラに扱うだけでは、システムとして理解できないので、(中略)統合する時間としての教科が絶対に必要であり、すべての教科、教科外、特別活動で扱いながらなおかつ(名称は別として、環境教育の)教科という時間を設けない限り、統合する場が無いのではないかと考え、ここ1年ぐらいは、教科化をした方がいいのではないかと個人的に思っています。

日本環境教育学会の学会誌『環境教育』は、2014年の第56号で、108頁にわたる「環境教育の教科化をめぐって」という特集を組んでいる。環境教育をすべての教科・教科外活動に分散させて指導する体制をとる限り、各教員は自分の専門領域の指導の片手間に環境にかかわる内容を扱うだけで、環境教育の指導者としての専門性は高まらないし、学習内容や学習方法の大きな進展は望めない、という認識は、少なくとも日本環境教育学会内には広がってきている。

(2) 韓国における環境科目の教科化

韓国では、1992年に発表された第6次教育課程で中等教育段階の選択科目として環境科目を開設することとした。しかし、選択科目として開設された環境

科目は、選択履修者数の低迷と環境教育専攻者の低採用数に苦しんできた。そのことから環境科目を開設したのは誤りであったと見る向きもあるが、科目をつくってしまったこともあって教育課程の改訂ごとに新たな学習内容と学習方法を取り入れて革新を続けている。

『韓國の環境五十年史』(韓国環境技術開発院 1996) は、1992年告示の第6次教育課程で中学校では選択科目 (1-3学年で週1-2時間) のなかのひとつとして「環境」科目を開設 (1995年施行) し、一般系高等学校教育課程では教養選択教科 (4単位) に「環境科学」を開設 (1996年施行) した背景について、以下のように述べている。[3]

> 1970年代の急速な経済成長で国民所得は括目するほど増加したが、反面、環境汚染という副作用が生まれた。そこで (中略) 第4次教育課程期 (1981年) から環境教育が本格的に論議され始めた。しかし、1987年に改訂された第5次教育課程で8大中心課題の一つとして環境教育が提示されたが、関連教科で強調して指導するようにしただけで、具体的な教育課程が提示されることも、教材が開発されることもなかった。そこで、第6次教育課程改訂では、環境教育問題が特に重要な懸案問題として台頭し、環境教育の教科方案が具体的に論議された。この時に論議された内容の要点の中には、環境教育を独立教科として分離して設置するべきか、そうではなく従来のように関連教科で指導するべきかという問題があった。

この独立教科とすべきか否かの議論の存在は、1990年代初めの日本と同じ状況であったことを示しているが、結果は異なっている。韓国でも独立教科として設置することの難しさがいろいろと指摘されたが、同書はその顛末について、「結局、環境教育は関連教科で内容を補完することでは効果的な教育を成し遂げにくいので、試験的に中学校では選択教科として「環境」を、高等学校では自由選択教科として「環境科学」を設定することになった」と述べている。

この選択教科として環境科目を設置することになった経緯については、環境科目開設に当時深く関与した関係者4名に対して聞き取り調査を行った結果を筆者らが日本環境教育学会の学会誌『環境教育』誌上で報告しているので、参照していただきたい。[4]

当時韓国の教育部で第6次教育課程の取りまとめを行っていたキム・ヨンマン（金龍満）氏は第5次教育課程までの教育課程下での環境教育の問題点を次のように指摘している。[5]

①環境教育全体の課程のなかで考察してみると、教科別に分散された内容はきわめて非体系的で無計画である。
②分散的アプローチによる環境教育の内容は、はっきりした目標を備えていない。
③どの教科の教育課程においても、指導や評価上の留意点として環境教育がどのようになされるべきかについて述べられていない。

第6次教育課程で中学校と高等学校に環境科目の設置が盛り込まれたことに伴ってすぐに着手されたのが環境科目の指導者養成であった。韓国教育部が最初に着手したのは、中・高等学校の現職教員に環境科目を担当する能力をつけるための指導者研修であった。それと並行して師範大学に環境教育学科を開設して、環境教育専攻者を輩出するという構想にも着手し、1996年から98年の間に韓国教員大学をはじめとする5つの師範大学に環境教育学科を開設した。

今日もなお環境教育専攻者が輩出されているが、環境教育専攻者が環境教育担当教員として採用されることがきわめて少ない環境教育学科を閉鎖する師範大学も現れている。しかし、専門的に環境教育を担当する能力を備えた人が、韓国にはすでに1000名以上誕生している。

(3) 韓国の環境科目の内容・方法の進展と国際的な動向

韓国では第6次教育課程以降の教育課程の改訂ごとに、環境科目の内容が変化してきている。

第6次教育課程（1992年告示）では「環境科学」という科目名称に表れているように、環境に対する科学的知識と技術的解決策が強調され、様々なレベルでの環境保全が重視されていた。しかし、1997年改訂の第7次教育課程では資源・エネルギー問題と生物多様性という個別のテーマが取り上げられ、新たに「生態系と環境」という章が登場し、科目名も「生態と環境」と変わった。

第7次教育課程の告示から10年を経て改訂された2007年改訂教育課程は、直

第8章　環境教育の教科化の是非を問う

後に「緑色成長」を掲げる李明博前大統領が登場したために実施に移されることはなかったが、「持続可能な発展」が前面に出てきている。1997年以降2007年までの期間には、テサロニキ会議で環境教育における「持続可能性」の視点が強調され、2002年にはヨハネスブルグ・サミット（持続可能な発展に関する世界首脳会議）が開催されている。また、2005年には国連「持続可能な発展のための教育の10年」が開始された。2007年改訂教育課程において「持続可能な発展」が前面に出てくるのも、国際社会の動向から見て必然と言えよう。

社会の「持続可能性」への視点は、2009年改訂教育課程でも継承されたが、2009年改訂教育課程では「環境と緑色成長」という科目名称に端的に表れているように李明博前大統領の強い意向を受けて「緑色成長」が前面に出された。2012年に開催された「国連持続可能な発展会議（リオ＋20）」では、持続可能な発展を達成する上での重要な手段とされる「グリーン成長」を主軸に議論がなされたことを考えると、世界の動向を先取りした教育課程とも言える。

以上、韓国の高等学校の環境科目の内容の変化について見てきた。政治的な動向に左右されたような部分も見られるが、全体として、国際社会の動向や環境教育の進展をしっかりと受け止めて環境科目自身が進化してきていることを確認できる。

韓国の学校環境教育の革新として、最後に、教育方法の進化を示す「環境プロジェクト」の導入に触れておく。2009年改訂教育課程で登場した「環境プロジェクト」は、環境にかかわるテーマを学生グループ自身が設定し、自らその探究や問題解決のための活動を行い、その成果を整理・発表するものである。日本の次期学習指導要領で注目を集めているアクティブ・ラーニングの典型的なものである。日本の総合的な学習の時間における環境に関する探究学習や問題解決学習と似ているが、教科書にきっちりとプロジェクト学習の進め方が記載されている点が異なっている。

また、「環境プロジェクト」の成果を発表する全国規模の大会が催されるようになっており、そこで高い評価を得たグループは、韓国環境教育学会の学術大会の場でも発表の機会が与えられている。また、入学査定官制度によって、「環境プロジェクト」での高い評価が、有名大学への入学に直結するケースも

増えている。

(4) 韓国における環境教育の科目開設の波及効果

　以上、様々な課題を抱えながらも、韓国の環境科目が国際的な動向を敏感に取り入れながら確実に進化してきたことを述べたが、選択科目ではあっても環境科目が開設されたことによる波及効果も決して小さくなかった。そのことは、分散型を続けてきて環境科目を開設しなかった日本と比較することで明瞭になる。

　たとえば、このことは環境教育学会の会員の年齢構成にも顕著な違いを生み出している。前述のように日本環境教育学会は2000年以降、会員数の微減傾向が見られるが、同時に学生会員を除く正会員の平均年齢も毎年上昇しているように見受けられる。それに対し、韓国の環境教育学会は師範大学の環境教育学科卒業生が新たな会員として着実に入会しているため、学術大会の会場を見渡す限りでは平均年齢の上昇傾向を感じることはない。高校生による環境プロジェクトのすぐれた成果の発表が韓国環境教育学会の場でなされるため、若々しい熱気に満ち溢れている。

　研究発表や実践報告でも、韓国環境教育学会の場合、世界の環境教育の新しい動向をしっかりと受け止めたものが主体をなしている。それに対し、日本環境教育学会の場合、多種多様な属性の会員から構成されることによる多様性は、韓国環境教育学会に見られない幅広さを生み出しているが、学習内容や学習方法という点では進展の速度がペースダウンしているのではないかという危惧を感じさせられる。

3 環境教育の教科化の必要性と可能性

(1) リテラシーとコンピテンシーから見た教科化の必要性

　近年、学力をめぐる議論でしばしば登場する用語に、リテラシーとコンピテンシーがある。リテラシーは、「読み書きができる能力」すなわち識字能力という本来の意味で日本でも数十年前から普通に使われていたが、近年は「何か

の分野や物事に習熟してそれ使いこなすことができる能力」（IT 用語辞典 e-Words）という意味で「メディア・リテラシー」や「ネット・リテラシー」など広く使われている。ここには「活用する能力」という要素が含まれているが、識字能力からの連想で、「ある分野において誰もが身につけておくべき基本的な知識や素養」として理解されることも多い。阿部治は日本環境教育学会編『環境教育』（2012年）の「はじめに」で、「環境問題が人類共通の最重要課題のひとつとなっている今日、環境問題の認識と問題解決手法の体得を二大要素とする「環境リテラシー」は「情報リテラシー」以上に焦眉の急となっている。」と書いている。

　一方、PISA 調査は、当初、世界のなかでの日本の順位ばかりが注目されたが、PISA 調査が本当に求めている能力として次第に注目されるようになったのがコンピテンシーである。「コンピテンシー」という用語は、最初はビジネスの世界で「高い業績を上げている人の行動特性」という概念として導入されたものである。しかし、OECD が行った DeSeCo（能力の定義と選択：Definition and Selection of Key Competencies）というプロジェクトの成果としてキー・コンピテンシーという能力概念を提示したことで、多くの教育関係者が注目する用語となった。DeSeCo はキー・コンピテンシーの核心に「思慮深い思考・行為」を置くとともに、「言語・情報・知識等のツールを相互作用的に用いる能力」「異質な集団の中で交流する能力」「自立的に活動する能力」の３つの具体的なキー・コンピテンシーを提示している。多様性と相互依存性が増大する現代世界で求められるようになった新しい能力概念であるが、文科省は「単なる知識や技能だけではなく、技能や態度を含む様々な心理的・社会的なリソースを活用して、特定の文脈のなかで複雑な要求（課題）に対応することができる力」と説明している。

　リテラシーとコンピテンシーは、ともに本来の意味とは異なる新しい概念に転用されており、定義も定まっているとは言い難く、両者の間に明確な境界線を引くことも難しい。たとえば、NAAEE（北米環境教育協会）の開発チームが取りまとめた環境リテラシーに関する報告書[6]では、環境リテラシーの構成要素として、知識（knowledge）、気質（dispositions）[7]、環境責任行動（environmentally responsible behavior）とともにコンピテンシーを挙げ、コンピテンシーをリテラシーに内包させている。

　しかし、環境に即して言うと、「環境リテラシー」とは、「誰もが身につけておくべき環境についての基本的な知識や素養」という意味合いが含まれるのに対し、「環境に関わるコンピテンシー」といった場合、何らかの意図を持って環境に関する情報を発信したり、何らかの具体的な判断や決断をしたり、そして実際に行動に移して成果を出す能力というニュアンスが強い。つまり、潜在的に具えていたものを実際に活用するところに重点が置かれていると言える。

　持続可能な社会の構築という点では、目標に向けた意味のある行動に結びつく汎用性の高い基本的な能力であるコンピテンシーはきわめて重要である。何らかの問題を認識していても、実際の行動が伴わなければ問題解決には結びつかない。したがって、1999年度の学習指導要領の改訂で「総合的な学習の時間」を創設して問題解決的な学習や探究的な学習を推奨したことも、今回の次期学習指導要領に関する諮問で「アクティブ・ラーニング」を強調したことも、コンピテンシーを高めるという点できわめて重要なことである。

　しかし他方で、環境という領域に即した基本的な知識や素養としての「環境リテラシー」もまた、意味のある正しい行動の前提としてきわめて重要である。たとえば、近年中山間地において深刻な被害をもたらしている獣害について、その背後には耕作放棄地があり、そのまた背後に少子高齢化や都市と農村の格差の問題があり、さらには、頂点捕食者（Top predator）としてのニホンオオカミの不在が関与していることなどを総合的に把握しておかないと正しい対策に乗り出すことは難しい。また、固定価格買い取り制度（FIT）が導入されたことで太陽光発電施設の建設ラッシュが生じ、そのために共有林野の乱開発という新たな環境問題が引き起こされているが、太陽光発電施設の建設に反対すべきか容認すべきかについては、原子力発電所の脆弱性や巨大地震の再来や巨大噴火の可能性、火力発電所の排出する二酸化炭素と温暖化の問題など、様々な要素を検討して総合的に判断することが求められる。正しい行動の前提として、その領域に関連する基本的な正しい知識や認識の素養は不可欠である。これらの知識や認識のなかには、探究的な学習の過程で身につくものも少

なくないが、大きな見通しを持つ上では基本的で体系的な知識は有用であるし、探究的な学習だけでは、重要な知識や認識がどうしても抜け落ちてしまうことがある。

つまり、特定の領域に関する基本的な知識や認識の素養を備えておくことと、それらを活用し、行動するという汎用性の高い能力を身につけていることは車の両輪のような関係にあり、どちらかが極端に欠乏していては正しい方向に進まない。近年、コンピテンシーを重視する傾向が見られ、それはそれで重要なことであるが、同時に基本的な知識や認識、あるいは意欲・態度などというそれぞれの領域に即したリテラシー向上も進める必要がある。

様々な問題が複雑にからみ合っている環境と環境問題についての基本的な知識や素養である環境リテラシーを身につけさせるためには、すべての教科・教科外活動に分散させて指導するのではなく、一定の時間の枠が確保された状態で、専門性を備えた指導者による指導が求められる。より望ましい姿は、「環境科」という教科を設けて、環境にかかわる基本的な知識を体系的に学ぶとともに、その知識や認識を活用し、行動する能力を同時に育むことであろう。

(2) 環境教育教科化に至る可能な道筋

学校教育における環境教育の教科化が必要であっても、限られた授業時間数の中で、しかも道徳の教科化や小学校における教科「英語」の新設、英語活動の低学年からの開始といった新たな要素が加わろうとするなかで、環境教育を教科化させようとすることは至難の業である。しかし、全く可能性が閉ざされているわけではない。

教育の分野でも確実に分権化が進んでおり、自治体や各学校の独自の判断で様々な独自の取り組みが可能になってきている。学習指導要領に教科・科目として位置づけられ、全国で一斉に環境教育が展開されるのが理想ではあるが、まずは、いくつかの学校で、できれば自治体単位で「環境」について学ぶ時間を、年間を通して確保して環境教育を実践してもらうことが教科化へ至る道筋として考えられる。そのためには、学校での使用に適した、しかも学力向上に確実に結びつく学校環境教育パッケージを開発し、それを自治体や学校に対し

て売り込んで試用してもらうことが有効であろう。自治体にしても、それぞれの学校にしても、これからの時代が求める学習内容を他に先んじて取り入れることは自治体や学校の未来志向の姿勢をアピールできるし、環境教育はアクティブ・ラーニングと親和性が高いだけに、その導入によって21世紀の世界が求めている学力が身につくとなれば大きな関心を寄せることであろう。

　環境教育の教科化が進展するもうひとつの道筋として、教育内容についての国際的な枠組みの変化が日本に及ぶという可能性もありうる。第1節でも述べたように、国語・数学・理科・社会といった今日の日本の教科・科目の構成の大部分は、19世紀に成立したものである。しかし、この百数十年の間に科学技術の発展は先人の想像を超えており、社会も激変している。たとえば日本の産業別人口構成を見た場合、1880年の第一次産業比率は80％を超えていたが、2010年には4.0％になっており、逆に第三次産業は1880年の10％強が2010年には72.3％に増加している。このような劇的な変化は世界中で進行しており、劇的な変化に伴って様々な地球規模の課題も次々と登場している。

　それにもかかわらず、学校教育における内容構成がほとんど変わっていないというのは奇跡的なことと言ってもよい。教育方法の世界規模での改革が一定程度進行したのちには、学習内容の世界規模での改革が進行することは必然の流れと考えるべきである。そして、新たな教育課題として世界中でほぼ同意されているのが、「生態系や社会の持続可能性」という課題である。2005年から2014年の10年間を「国連持続可能な発展のための教育の10年」とすることが合意されたこと、2006年のPISA調査に基づいてOECDが2009年に"Green at Fifteen"という報告書を出していることなどがそのことを示している。また、ポストDESDの行動目標として発表されたグローバル・アクション・プログラムの5つの優先行動分野のひとつに、「教育者（ESDを実践する教育者の育成）」が掲げられている。このように、学校教育の新たな教育内容として持続可能性の教育が採用されるための準備は着々と進んでいるのである。

　早晩、「生態系や社会の持続可能性」という課題が、様々な国の学校教育の内容として採用されることは必然であり、この教育課題をいち早く学校教育の中核に据えることが、それぞれの国の教育文化の先進性の指標となるであろ

う。日本が先頭に立って教育文化の先進性を示すことはできないかもしれないが、ほかの先進諸国や近隣諸国が持続可能性を原理とする教育内容を続々と導入し始めた場合、日本も追随して導入に踏み切るであろうことは容易に想像できるし、すでにその予兆は生まれている。2015年8月に文部科学省は、次期学習指導要領のいくつかの教科科目の素案を提示している。そこでは高等学校の地理歴史科の新たな必修科目として「地理総合」（仮称）が示され、その科目のイメージを「持続可能な社会づくりに必須となる地球規模の課題や、地域課題を解決する力を育む科目」と説明している。

4　環境教育の教科化に向けた準備

（1）　学校環境教育パッケージの開発

3節で述べたように、環境教育（ないし持続可能性の教育）の教科化を実現できる道筋は確実に存在する。そうであるならば、そのために必要な準備に今から取り掛かるべきである。

その最初に取り組むべきことは、前述の学校環境教育パッケージの開発であろう。学校環境教育パッケージとは、学校教育の現場で、単発ではないひとまとまりの環境教育を実践してもらいやすいように、学習目的、学習内容、学習方法等からなるカリキュラム（≒環境教育の学習指導要領）と、その実践に資する教材・教具・指導書等の開発、指導者養成の研修会の開催、そして実際の教育現場での試行実践等から構成される。カリキュラム開発や教材・教具・指導書等の開発については、当面は小学校5年生、中学2年生、高校1、2年生の「総合的な学習の時間」で、週2時間、年間60〜70時間ぐらいを環境教育に充当することをイメージしながら作成するべきではないかと考えている。小学校の低学年については、様々な体験を通して育まれる感性・感受性を育むことが重要な時期であるが、小学校の1、2年生が履修する現行の「生活科」が、その英訳 life environmental studies（文科省仮訳）にあるように環境教育の要素を内包しているので、当面はパッケージ開発の対象から外してもよいであろう。

文科省から各自治体、各学校そして保護者の関心が「学力」に集中している

図表1 「協同的プロジェクト学習」のイメージ

出典：筆者作成

現在の学校を取り巻く諸状況を考えると、開発した環境教育パッケージは、21世紀社会が求める学力（能力）の向上に資するものが求められるであろう。ただし、21世紀社会が求める学力（能力）とは、「思慮深さ」「創造性」「相互交流」「問題解決」「自立的行動」「実践力」といったキーワードから構成されるもので、それらの個別的な学力（能力）の向上を目指して獲得されるものではなく、図表1で示したような「協同的プロジェクト学習」に児童生徒が取り組む過程でおのずから身についてくるものである。[8]

(2) アクティブ・ラーニングの導入にあたって

図表1は「持続可能性の教育」を意識して作成したもので、幼少時の豊富な体験によって育まれた感性の基礎の上に、目標性を備えたプロジェクト学習と協同性を備えたワークショップ型の学習に学習者自身が主体的に取り組み、その取り組みをファシリテーターとしての指導者が緩やかに支えているイメージの学びである。次期学習指導要領におけるキーワードとして注目を集めているアクティブ・ラーニングが目指しているものと大きな差異はない。

つまり、21世紀社会が求める学力（能力）の向上に資する学校環境教育パッケージとは、アクティブ・ラーニングを十分に取り入れたものということになる。適切なアクティブ・ラーニングを適切に取り入れ、指導者がファシリテーターの役割を果たすことで、児童生徒の意欲・関心は向上し、一連の活動のプロセスの中で児童生徒は着実に21世紀社会が求める学力（能力）を身につけていくことになる。

とはいえ、学校現場にとってはアクティブ・ラーニングにしてもワークショップにしてもファシリテーターにしても、これまであまり耳にすることの

なかった言葉である。なかには「なんだ、それなら今までにも授業に取り入れているよ」というものも少なくないかもしれない。しかし、アクティブ・ラーニングやプロジェクト学習、ワークショップ、ファシリテーションについては、企業における研修や自然学校におけるプログラムのなかでいち早く取り入れてられてきたので、学校環境教育パッケージの開発にあたっても、そのような実践を行ってきた企業や自然学校の環境教育関係者に呼びかけ、また学校の教員自身にも学習内容に応じた魅力的なアクティブ・ラーニングの具体的手法を提案してもらい、それらを極力反映させたものとすることが望ましい。幸いなことに、日本環境教育学会には、豊かなアクティブ・ラーニング指導経験を持つ会員が少なくない。

　学校環境教育パッケージには、カリキュラムと教材等の開発とともに、それを実際の授業で示すことのできる指導者の育成のための研修会の開催も含まれる。本格的な指導者育成は韓国のようにいくつかの教員養成系の大学に環境教育専攻学科が設立されることが望ましいが、当面は環境省が2016年度から立ち上げたESD活動支援センターに、環境教育の指導者養成機能を付加させることが現実的であろう。そのような方向への動きを促進させるためにも学会として政策提言をしたり、ロビー活動をしたりすることも必要であろう。

5　環境教育の教科化と環境教育学

　これまで述べてきたように、環境教育の教科化は、時代の変化にマッチしたものであるので、やがてはその方向に動いていくであろう。しかし、環境問題は深刻さを増しており、生態系や社会の持続可能性も悪化の一途をたどりつつある。対応は早いほどよい。したがって、機が熟するのを気長に待つのではなく、あるべき方向へ積極的に動かすことが求められている。2014年11月の文科相諮問における「アクティブ・ラーニング」重視は、当初から参加体験型の学習やワークショップという学習者主体の学びを活用してきた環境教育にとっては追い風であり、この機会に、環境教育の学習が、21世紀に求められる「学力」の向上に最適であることを強くアピールする必要がある。

ところで、環境教育の教科化を進める上で、同時進行的に進展することが望まれるのが環境教育学の確立である。環境教育学とは、環境や環境問題という学習内容とそれを学習者にしっかりと認識・定着させるための教育方法を体系化したもので、その主たる目標には、持続可能な社会の構築や地球的、地域的課題の解決能力の育成が置かれる。しかし、環境や環境問題に対する知識や認識が、まさに進行している生態系や社会の持続可能性の危機の解決に活用されることが求められている。また、環境配慮行動に至る前提として幼少時の豊かな自然体験による感性（感受性）の育成も求められており、環境教育学にはそれらを内包する内容の広がりと教育方法の革新も不可欠となる。

　社会の変化と関連諸科学の進展とともに環境教育学自身も進化をし続ける宿命にあり、環境教育学の最終到達点を示すことは困難であろう。しかし、とりあえず現在の時点での環境教育学の全容が示されることは、本章で必要性を訴えた「環境教育の教科化」にとっても大きな力になる。まずは、現時点での環境教育学の全容提示というチャレンジが求められていると考えている。

【注】
1) ここで、「環境教育（ないし持続可能性の教育）」という歯切れの悪い表現になっている点について若干の釈明をしておきたい。理系の学部に学びながら、その後、社会科学的な観点から環境教育と対してきた筆者は、ESD（Education for Sustainable Development：持続可能な発展のための教育）で強調されている、経済的発展、社会的発展、文化的発展という視点は、本来の環境教育に内包されているものと捉えてきた。しかしながら、ESDの重要性を主張する論者のなかには、環境教育はもっぱら人間と自然との関係を扱っており、経済的・社会的・文化的な視点が欠落していた、と考えている人が少なくない。これは大きな誤解である。しかし、そのような認識が相当広く行きわたってしまっているのであれば、教科化についても「環境教育」という名称にこだわらず、「持続可能性の教育」でも構わないと考えている。ただし、ESDという名称は適切ではないと考えている。
2) 阿部治・朝岡幸彦監修、小玉敏也・福井智紀編著 2010『学校環境教育論』筑波書房の末尾の座談会における発言。
3) 韓国環境技術開発院 1996『韓國の環境五十年史』、413-440頁（ハングル）。
4) 元鍾彬ほか 2014「韓国における環境科目開設の経緯とその後の展開」環境教育24(1)、21-33頁。
5) 金龍満 1991「韓国の国民学校での環境教育」韓国環境教育学会編『環境教育』2巻、

146–155頁（ハングル）。
6） NAAEE, 2011, Developing a Framework for Assessing Environmental Literacy: Executive Summary（http://www.naaee.net/sites/default/files/framework/EnvLiteracyExeSummary.pdf, last visited 10 March 2016）.
7） 報告では、dispositions について sensitivity; attitudes, concern, and worldview; personal responsibility; self-efficacy/locus of control; motivation and intentions を含むと記している。
8） 佐藤学ほか編著 2015『持続可能性の教育──新たなビジョンへ』教育出版、第4章「持続可能性の教育の学習方法（58-88頁）」（諏訪執筆）を参照。

第9章　ドイツにおける環境教育の光と影
―― PISA ショック後の重点シフト

原田　信之

1　先細る「環境教育」の学術書

　ビオトープ、リサイクリング、コンポスト、クラインガルテン、パーク＆ライド…。環境保全やエコな社会システムの構築を進める上で斬新な社会実験を行ってきた環境先進国ドイツの取り組みは、わが国にも広く紹介されてきた。ドイツ連邦エネルギー省が発表した最近の統計でも、風力、太陽光、バイオマスなど、総電力消費量に占める再生可能エネルギーの割合は、27.8％に達したという。風力発電に使用される風車はドイツの風景を彩ってきたが、その累積導入量は中国、米国に追い越されたものの、太陽光発電のそれは今なお世界一位を誇る。

　しかし近年、初等・中等学校段階を対象とした環境教育の出版は、かつてと比べて激減してきている。政策的に推進された「持続可能な発展のための教育（ESD）」の出版は盛況であるが、環境保全教育や自然体験学習など学校外教育を除く「環境教育（Umweltbildung）」の学術書は、2000年代半ばからは数えるほどしか見当たらないという現状である。このことはドイツの公的カリキュラムから環境教育が姿を消しつつあることを必ずしも意味しない。国語や理科の存在理由がほとんど問われないのと同様に、環境教育の教育内容は当たり前に存続しているのである。とはいえ、ドイツ連邦・各州教育計画研究推進委員会が1998年8月1日から2004年7月末にかけて推進したESDモデルプログラム21以後に当たる、過去約10年間の教育課程改革の動向からすると、環境教育はESDに包摂される傾向にあることも事実である[1]。

本章では、ドイツとスイスドイツ語圏の環境教育を対象に、その過去およそ30年を振り返りつつ一般化を図り、学としての環境教育が担うべき要件を学校教育学（Schulpädagogik）の視点から検討・考察することを目的にする。その際、検討を経ることが必要なのが、ひとつには、PISAショック後の教育スタンダードの設定に伴うコンピテンシー志向の学力改革である。PISA調査（Programme for International Student Assessment）は、2000年よりOECDが3年ごとに実施してきた国際学力調査であり、日本でもPISA型学力という言葉を生み出すほど、加盟各国の教育改革に影響を及ぼした。ドイツでは第1・2回調査の結果において学力不振が続いたことから学力向上策が相次いだ。ふたつには、ESDという新たなコンセプトの興隆とその能力概念としての明示化という事態である。他方、新コンセプトの興隆は、ブームや政治状況の変化によってのみもたらされるものではなく、その意味で90年代までの環境教育の動向を併せて把握しておくことが必要となる。大きくは上記2点の検討を経ながら、ドイツ語圏における環境教育の過去・現在・未来を考察する。

2　20世紀の環境教育

(1) 環境教育の学校プログラム化

ドイツの環境教育は、近未来において人類が環境危機に瀕するとの認識の下、国の環境政策と社会に広がったエコロジーの機運とが相まって1980年代に整備された。環境学の教育化（Pädagogisierung）、すなわち学校プログラム化により、直面する環境危機の克服が期待されたからである。資源と地球の有限性に着目したローマクラブの「人類の危機」の発表（1972年）、ストックホルム宣言（1972年）やトビリシ会議（1977年）等、国際情勢に呼応して実施条件を整えていった。

ドイツ国内においては、各州文部大臣常設会議（KMK）による1952年の環境保護に関する決議、ドイツ連邦議会の環境プログラムの採択（1971年）、環境政策と環境教育の関連に関する鑑定書（1978年）等を経た後、KMK第200回を記念する定例会決議「授業と環境」（1980年10月）により、環境教育の学校プログ

ラム化（＝カリキュラム化）の推進が決定づけられたのである。

　同決議では、第一に、環境教育の課題として、①若者の環境問題への意識を高めること、②責任を持って環境とかかわろうとする気持ちを促すこと、③学卒後も環境を意識した行動がとれるよう教育すること、が挙げられていた。第二に、環境教育は、自然と社会の両領域を包摂し、「教科横断的な授業原理」のもとに教科の枠を超えた教育活動として捉えられていた。第三に、生徒に対し以下の行動の定着が目指されていた。[2]

　生徒に定着が目指される行動とは、①憲法や法律が保障する市民の権利と義務を知り、環境保護・保全の課題に参加すること、②エコロジーの連関を洞察し、それを阻害する影響がわかること、③環境負荷の原因、その一部は元に戻せないことがわかること、④生物多様性や景観保護は、現世代だけでなく、未来世代の生活基盤にとって重要であることの認識、⑤環境負荷は全人類にとって国を超えた存続問題であり、環境保護は高度産業国家に責任がある国際的課題であることの認識、⑥健康で人間らしくあるのに必要な環境を保つには、個人および社会としての責任ある行動が不可欠であることの洞察や、エコロジーとエコノミーの両視点を十分に考慮することの必要性の認識、である。

　生徒にこのような環境行動の定着を図るのに、ドイツの環境教育は教育課程に固有の教科領域を形成せず、学際性（Interdisziplinarität）の原理により運用を図ってきた。この原理は教科と環境教育との関係を規定するものであり、カリキュラム編成の戦略として、①各教科の単元を具体的な環境問題に関連づける戦略、②いくつかの教科内容を統合し、総合単元を設定する戦略、③環境教育の専用カリキュラムを構成し、教授・学習過程や教育内容の統合を図る戦略が構想されていた。[3] このストラテジーはESDに転換した州でもほぼ変わっていない。環境教育は公的カリキュラムにおいて実施が保障されているとはいえ、独立した教科領域を持たず、必ずしも恵まれた実施状況にあるとは言えない。それだけに、学校において体系性や一貫性を有する環境教育を実施するには、カリキュラム構成における戦略上の措置が不可欠である。

(2) 1980・90年代の環境教育

　トビリシ宣言をドイツ国内に普及するために出された KMK の決議「授業と環境」を根拠に、環境教育はドイツ全域の学校で実施されることとなった。ESD 以前の1980・90年代の環境教育は、大きく3つに整理することができる。

　第一のタイプは、環境意識や環境にやさしい行動を教育の力で形成しようとする、教化・訓育型の環境教育である。このタイプの環境教育への批判として、人類の環境破壊を食い止める「弥縫用の道具」（グレーゼル）、政策として上から進められた「官製の環境教育」（若林）と呼ばれることがある。80年代当初、自然科学系教科を中心に、オゾンホールや酸性雨、生態系の問題等が取り上げられることが多かったが、その後、私たち一人ひとりが関与している社会問題として、人類の自然への向き合い方の問題としての側面がクローズアップされていく。気候、大気・水・土壌、生物と生態系、生産と行為、余暇と消費、移動・交通手段、科学技術、ゴミと有害物質、エネルギーと資源、健康・福祉、ひとつの世界等（ニーダーザクセン州1993年）、学際的テーマを設定して行う、教科横断的な学習スタイルを学校に定着させた。

　第二は、「エコ教育学（Ökopädagogik）」のタイプである。これは、人間と自然との関係に文化人類学史的な問いを立て、環境問題の文化的側面に着目するものである。「現在の地球環境問題は、近代以降、人間が自然に対して誤った態度を取ってきたことに由来する。自然とは、近代人が考えてきたような『征服すべき対象』ではない。人間と自然とはそもそも一体である。自然の中で、自然にささえられて生きる人間という、正しい世界観を我々が再発見することなしに、環境問題はけっして解決しない。そのためには、我々自身がまず変わる必要がある。」これは人と自然との関係を説く環境論者の言説であるが、これと同様にエコ教育学が問題にするのは、近代以降の自然科学的な思考や行為を支えてきた人類の合理精神である。これに対し、文化的なものの見方・考え方の枠組みを問い、根底からの変容を希求してきた立場と言えよう。こうしたエコ教育学を推進してきたのがデ・ハーンらである。官製の環境教育学に対峙したのがこのエコ教育学であったが、そのデ・ハーンが中心となって「未来を形成する（ESD）コンピテンシー」を定めるなど、彼は官製の ESD を推進す

るキー・パーソンとなる。近年ではそのESDの立場から、ドイツにおけるアントレプレナー（起業家）教育の先駆けとして新たなプロジェクトを立ち上げ、「生徒企業」実践の普及にも努めている。

　第三の立場は、自然体験派の環境学習である。環境教育の行き過ぎた知育化傾向への批判と相まって、自然と交わることの教育価値が強調された。そのこと自体は善であっても、「自然との出会い」が人為的に美化され、自然愛の素朴な受け入れと蔓延が、形を変えた教化・お仕着せの温床になりかねない（カーラート）との批判を受けた。

　80年代・90年代を総括すると、学校カリキュラム化により制度化された環境教育は、学校という教育機関を通して、個人の意識変革や行動変容を促すこと、すなわち、個々人の内面から醸成していくものというよりはむしろ、環境教育という外的な教育プログラムを内化する道具としての側面を際立たせたと言えよう。

(3)　環境教育のシュテルン統合図

　ESD以前の環境教育論を総括し、6つのコンセプトに整理したものが、星の形をしたベッカーのシュテルン統合図（図表1）である[5]。

　この図で6つに統合されたコンセプトとは、①全体的に自然と交わること（自然体験学習を通じた全人教育）、②文化的側面への方向づけ、③政治教育（経済中心社会への批判）、④環境コミュニケーション、⑤エコ倫理の向上、⑥地域での行動、である。ここで言う全体的に自然と交わることとは、認知・情意・行動の各要素を含み、全体を部分の集合体以上のものとみなす全体的・関連的な見方・考え方を身につけ、自然を含めた全体の一部としての人間観、倫理的・宗教的な目標要素を内包し、人間と自然（学習対象）との相互関連性を認識することである。

　文化的側面への方向づけは、90年代にデ・ハーンが提唱した「文化志向の環境教育」に由来する。自然科学系教科を中心に行われてきた従来の環境教育のスタイルから脱し、それを政治や社会、人類史等の視点から複眼的に環境問題に迫るのが「文化志向性」である。デ・ハーンは、この「文化」という言葉に

対し、単数形ではなく複数形での使用を進める[6]。この用法に慣れない私たちにはピンとこないかもしれないが、複数形にすると、異なる関心や価値観を持ち、多様な文化背景を有する人たちの集合体としての「多文化」の意味合いが出てくるからである。そして何よりも、環境問題を文化の諸相として捉えようとする。それは根本原因の所在を人間の行為に求め、その文化現象として捉えることが必要だとハーンは考えたからである。「環境問題が文化現象であるというのは、環境問題として知覚され同定されるものは、ある文化ないしはある共同体においてコミュニケーションされコンセンサスが得られた問題群であり、したがってそれはすぐれて文化に固有の現象であるという意味である[7]」。井上がデ・ハーンのこの見解を取り上げて説明するように、先進国の環境問題は自然科学的な見識に基づく地球温暖化問題であるとしても、熱帯雨林の部族として生活する人々にとっての日々の問題は食料の確保である。文明化の程度により優劣を断じない「文化的相対

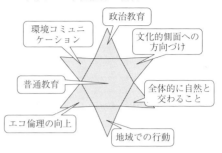

図表1　環境教育の統合コンセプト

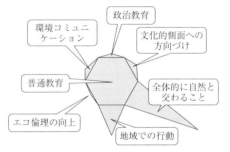

図表2　自然体験派の環境教育

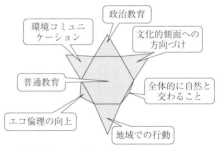

図表3　ローカル・アジェンダ21

出典：図表1～3はすべてGerhard Becker, 2001, Urbane Umweltbildung im Kontext einer nachhaltigen Entwicklung, Leske + Budrich.

性」を視点に編入することまで含め、デ・ハーンは文化志向の環境教育を主張したのである。

ESD以前の環境教育論諸説を統合したコンセプトの全体像（バランスのとれたシュテルン統合図）に基づくと、地域での自然体験を重視する環境教育派は、①と⑥のコンセプトに張り出しが見られる（図表2参照）。ローカル・アジェンダ21の環境教育派は、⑥に張り出しが見られるが、①と⑤のコンセプトに対しては消極的であることがわかる（図表3参照）。

3　PISAショック後のドイツの学校教育

(1)　コンピテンシー・ベースの教育課程の基準

ドイツではかつて見舞われた学力ショックを契機に、一部の教科を対象に国内共通の教育スタンダードを作成し、生徒の学力水準を恒常的に検証する教育モニタリングシステムを構築するなどして、学力向上が図られてきた。各州においても学力向上を優先課題とし、コンピテンシー構築志向のカリキュラムへと転換し、授業の質保証の改革を進めてきたのである。このコンピテンシー・ベースの改革により求められたのは、育成すべき能力の可視化であり、この可視化には能力要素の明確化とともに、達成レベルの段階水準化も含まれていた。

ドイツ各州の現行学習指導要領においては、一般的に学力の構成要素はコンピテンシーの概念で把握される。コンピテンシー（Kompetenz）とは、辞書の上では「（専門家としての）知識、能力、資格」や「（母国語を自由に操る）言語能力」という意味を持つ。近年、この概念は論者により様々に定義され、概念の混乱が指摘されるところであるが、OECDのDeSeCoプロジェクトにドイツ側代表の一人として参加したヴァイネルトの定義が共通理解の拠り所となる。その定義とは、コンピテンシーを「所定の問題を解決するために、個々人が自在に操作でき、そして習得可能な認知的能力・技能であるとともに、多種多様な状況下での問題解決に効果的かつ十分に責任を自覚して役立てるために、その認知能力及び技能と結合した動機や意欲、社会性である」[8]とし、表層的な知

識・技能とは明確に一線を画している。

　コンピテンシーとは、人間の非認知的な能力や態度を含めた学力概念であり、拡張した学力を可視化する道具的概念として普及してきたと言えよう。コンピテンシーは、多様な問題解決に活用可能な知識、能力、理解、技能、行為、経験、意欲などが共鳴し合う集合体として捉えられているのである。複合的な能力であるが故に、文脈依存的な構成主義的学習観に依拠しており、日常生活場面にかかわる問題解決が重視されるのはそのためでもある。実際、非認知的な学力要素は、そもそもそれを学力として認めるべきか否かという別の議論はあるにしても、見えにくく、そしてまた個人内学力にとどまらず、他者との関係下で織り成される相互の文脈依存的な学力を含んでおり、そのためになおさら評価しにくい学力でもある。

(2) コンピテンシーの二面性

　国際標準学力とも言われるDeSeCoのキー・コンピテンシーは、①「ツールの相互作用的な活用能力」、②「異質な集団での関係形成能力」、③「自律的な行動能力」という3つの枠組みを用意してはいるが、それは類型化を目的としたものであり、これら能力要素は個々別々に発揮されるのではなく、複合的に組み合わされたパフォーマンスとしての輻輳的発動が想定されているものである。換言するならば、伝統的に学力として認知されてきた知識・技能に制限せず、これらに対人関係能力や自律的な行動能力など、人間の非認知的な能力や態度を含めた広域学力概念として、ある複雑な問題解決が求められる課題に対し、身につけた能力要素（内的リソース＝学習資源）が結合して働く「集合体としての複合的な能力像」を下地として描いているのである。図表4はドイツの先行研究にしたがい、デセコプロジェクトのキー・コンピテンシーの3つの枠組みに対し、未来を形成する（ESD）コンピテンシーの12の要素を振り分けてある。

　コンピテンシー志向の授業開発のプラス面（光の側面）は、子どものすぐれた学習パフォーマンスを構成する能力要素をあらかじめ明示し、見えにくく指導しにくかった高次の学習活動に対し、質の高い具体的な学習のイメージを提

図表4　キー・コンピテンシーとESDで育成する能力の対比

キー・コンピテンシーの枠組み（OECDのDeSeCoプロジェクト）	ESDの視点に立った学習指導で重視する能力・態度の例（国立教育政策研究所教育課程研究センター）	未来を形成する（ESD）コンピテンシー（ドイツ連邦・各州教育計画研究促進委員会プログラム・トランスファー21）
相互作用的に道具を用いる［総合：学習方法に関すること］	①批判的に考える力 ②未来像を予測して計画を立てる力 ③多面的・総合的に考える力	①世界を拓き新たな視点を統合して知識を構築する能力 ②将来を見通して開発を分析・判断する能力 ③学際的に認識し行動する能力 ④リスク・危険性・不確実性を認識し慎重に考える能力
異質な集団で交流する［総合：他者や社会に関すること］	④コミュニケーションを行う力 ⑤他者と協力する態度	⑤他者と共に計画し行動する能力 ⑥行動ストラテジーを熟慮する際に方針の違いをめぐる争いを考慮する能力 ⑦集団での決定プロセスに参加する能力 ⑧アクティブになるよう自己と他者を動機づける能力
自律的に活動する［総合：自分自身に関すること］	⑥つながりを尊重する態度 ⑦進んで参加する態度	⑨自己の理想と他者の理想を熟慮する能力 ⑩決定と行為の基底をなす公正さを念頭におく能力 ⑪自立的に計画し行動する能力 ⑫他者に共感する能力

※「キー・コンピテンシーの枠組み」欄の［　］内は、日本の総合的な学習の時間で育成する能力の例
出典：(a)『キー・コンピテンシー』（ドミニク・S・ライチェン＆ローラ・H・サルガニク編著、立田慶裕監訳、明石書店、2006年）、(b)『学校における持続可能な発展のための教育（ESD）に関する研究〔最終報告書〕』（国立教育政策研究所教育課程研究センター、2012年3月）、(c) Transfer-21のHP（http://www.transfer-21.de/index.php?p=222 [30.10.2015]）を参照し、筆者作成

供するところにある。実際にすぐれた活動を行う学習者が発揮している能力を思い描き、指導の要所を押さえるのに寄与するということである。

　これに対し、コンピテンシー志向の授業には当然のことながらマイナス面（影の側面）も指摘されている。それは第一に、真正のリアルな文脈でしか獲得しにくい能力であるにもかかわらず、能力要素が明示されているがためにこれが災いとなり、個々の能力要素を習得させようとする教え込みの指導に陥る

ケースである。能力の可視化と習得訓練はコインの裏表の関係にあり、授業者がそれをどう用いるかでプラスにもマイナスにもなる典型例と言えよう。第二に、能力要素のいくつかを持って、ESD 実践を行っていると安易に自負してしまうようなケースである。たとえば、「グループでの話し合い活動を重視しており、コミュニケーションを行う力を評価規準に必ず明記しているから ESD に取り組んでいる」と思い込むことなどが考えられる。これは ESD コンピテンシーの趣旨と照らし合わせると、明らかに ESD の矮小化もしくは断片化の傾向として捉えなければならないだろう[11]。このふたつの轍を踏まないためにも、先ほど指摘したように、ある複雑な問題解決が求められる課題に対し、身につけた能力要素が結合して働く「集合体としての複合的な能力像」を共有することが重要である。

4 コンピテンシー構築志向型教育下における ESD（環境教育）

(1) チューリンゲン州の ESD

　チューリンゲン州は、東側地域の州である。同州の学校法には、州所轄の学校が取り組む共通課題として、①人間らしい生活を尊重する教育、②共同体への責任を持つ教育、③環境や自然と適切に交わるための教育、④チューリンゲンやドイツ内の郷土との結びつきを保持する教育、⑤ヨーロッパに視野を開いていくための教育、⑥世界の人々に対する責任感を育てる教育が挙げられている[12]。これらは、すぐれた市民に育つよう子どもの人格形成に寄与すべきとする学校教育の一般的な任務を定めたものであるが、そこには ESD や環境教育を学校で実施することの根拠となるものが盛り込まれている。

　この州学校法のもと、学習指導要領には ESD の基本的な考え方が以下のように示されている。「ESD は、現在、生きている人々の欲求を満足させるが、未来世代が自分達の欲求を満足させることをできなくするような危険にさらすことのない開発に努めることである。持続可能性の理念の中心となる構成要素は、経済・社会文化・環境の諸問題が、相互に関連し合って存在しているとの認識にこそある。ESD により実現したいことは、一つには、児童に持続不可

能な発展過程の分析・評価の機会を提供すること、二つには、持続可能性の基準にしたがい自分の生活を導くこと、三つには、持続可能な発展のプロセスを地域で、もしくは広範囲に他者と共同して行わせてみること、である[13]。」

ESDのためのテーマ選択の基準としては、主要なものでローカルでありかつ、グローバルな問題であること、長期的にみて意味を有すること、広範囲で多様な知識を基盤にするようなテーマであること、個人や共同体にとって行動ができそうな見通しがもてること、である[14]。

ESDにふさわしいものとして学習指導要領に示されたテーマ例は、中核テーマと教科横断的なテーマで構成される。前者は、2007年6月15日にKMKとドイツ・ユネスコ（DUK）が共同で出した『学校での持続可能な発展のための教育[15]』を根拠にして設定されている。この中核テーマは、「チューリンゲン州の学校で構築されてきた教科横断的なテーマと密接にかかわらせる必要がある[16]」という。環境教育は教科横断的なテーマに位置づけられ、ESDの中核テーマと結びつけて展開される。

＜ESDの中核テーマ＞
①資源との交わり方、②天気と気候、③エネルギー、輸送手段、④人権、⑤ひとつの世界のなかの命、⑥消費スタイルと生活スタイル、⑦健康、⑧種の多様性

＜諸教科横断的なテーマ＞
①非暴力、寛容の精神、自由のための教育、②環境教育、③健康の促進、④メディアや情報機器との交わり方、⑤交通教育や輸送手段の教育、⑥キャリア教育

---

(2) スイスドイツ語圏のレアプラン21におけるESD

レアプラン21は、スイスドイツ語圏に属する21州共通のレアプランとして10年の歳月をかけて作成され、2014年より各州への移行を進めている。内容編成としては螺旋型の構造とコンピテンシー志向の特徴を有するカリキュラムである。螺旋型とコンピテンシー志向という2つの特徴は、第1～9学年を3つの

サイクル（段階）に区分し、各サイクルにおいて到達すべきコンピテンシーを配置するところで統合される。言うなれば、コンピテンシー構築志向スパイラル型カリキュラムを実現している。

教科「自然・人間・社会（NMG）」は第1～6学年に設置された統合教科であり、第7学年以後各教科に分化する。「人間」を中央に、左右に「自然」と「社会」を置く名称から推測できるように、この統合教科の内容構成そのものがESDの理念を反映していると考えられている。

レアプラン21においては、教科以外には、「メディアと情報学」、「キャリア教育」の教育内容に加え、教科の枠を超えて実施する汎用的能力の育成とESDに関する取扱いを定めている。SDを指導理念とする教科横断的テーマとして、①政治、民主主義、人権、②自然環境と資源、③性差と平等、④健康、⑤グローバルな開発と平和、⑥文化的同一性と異文化間の協調、⑦経済と消費が提示されている[17]。これら各テーマの詳細説明には、「環境教育」という言葉そのものは使用していないが、環境教育で蓄積されてきた見方・考え方の枠組みはこれら教科横断的テーマの実施で確保されるものと考えられる。

スイスでは1999年の連邦憲法改正時、憲法第2条に「持続可能な発展（nachhaltige Entwicklung）」を明記した。「スイス連邦は、国の共通の福祉、持続可能な発展、内的結びつき、地域の文化的多様性を促進する」（BV, Art. 2 Zweck, Abs. 2）と定めており、ESDのカリキュラム基準化は必然的な流れであったと言えよう。このSDの指導理念は、レアプラン21では、①政治・エコノミー・エコロジー・社会・文化の進行が網目状に張り巡らされること、②現在の行為が未来に影響を及ぼすこと、③ローカルな行動とグローバルな行動の間に相互作用が起こること、である[18]。網目状とは、各立脚点の結束点、過去・現在・未来という時間軸上の結束点、ローカルとグローバルという空間的な結束点からなり、これらを「持続可能性」の原則として授業実践に適用することが求められている。

レアプラン21は、コンピテンシー構築志向スパイラル型カリキュラムの特色を有すると述べた。教育課程全体で持続可能性の原理を学ぶことを前提に、第1～9学年に展開される単元例を示し、コンピテンシー構築志向の特質を把握

図表5 「自然・人間・社会」の 単元例にみる ESD に有意なコンピテンシー

	教科「自然・人間・社会」 単元「動植物と生息空間を調べ、育てたり飼ったりする」 細目テーマ6「人間が自然に及ぼす影響を判断し、持続可能な発展について熟慮することができる」 重点：自然と人間の関係	
1 1・2 学年	a 自己との関係で生息空間や動植物について気付いたことを説明する。（世話や手入れ、かかわり、大切さ、敬意など） b 人為的な生息空間について考察・観察・説明し、自己の経験や体験を報告する。（家庭や動物園の動物など） c 人為的な生息空間と自然の生息空間を比較する。違いを説明するときに、植物や動物の生息状況について熟慮する。 d 植物栽培やペットの飼育に際しては、役割や責任を引き受ける。（学校での飼育・栽培）	
2 3-6 学年	e 人間が生き物や生息空間をどのように形づくり、利用し、変えてきたのか、居住地域の生息空間を調べたり記録にとったりする。 f （ペットとのかかわるとき、野原での自由遊びのとき、水辺や水に入ったときの）自己の行為や態度を振り返る。 g 植物や動物や自然生息空間に対する人間の多様な関係性や多様な行動様式を説明したり比べたりするとともに、様々な視点から考察を加える。動物の保護、保護される植物、自然保護区域での行動に関する規則。 植物や動物に関する保護規則や行動規則を適用する。 h 植物や動物の人間のための利用について熟考する。（経済の面、美の面、健康や息災の面）	
3 7-9 学年	人間と環境の関係を分析しよう 1 自然の体系や自然の利用について探究する 地理：自然の体系 a 自然の体系の特徴を挙げ、空間的に整理する。熱帯雨林、海、北極・南極地域、山脈、砂漠、都市。 b 自然体系の利用形式（農業、漁業、資源採取、旅行、移住等）について調べ、時代の経過とともに変化する利用の仕方を説明する。スイスにおける文化風土の変遷。 c 自然体系の利用の地域像への波及効果、自然資源の消耗について推論する。無秩序伐採による砂漠化・裸地化、森の秩序、灌漑。 d 自然体系の利用の際、関心の違いがもたらす争いについて調査し、この立場の違いを十分に考慮し、自然体系への人間の侵害を評価する。 e 自然体系を保護する措置（国立公園、環境ラベル、キャンペーン等）を評価し、できるだけ持続可能な利用について熟慮する。	環境体系について調べよう 3 地域の環境体系に人間が及ぼした影響を調べ評価しよう 生物：自然利用と自然保護 a 環境体系に人間が及ぼした影響に関し自分が観察したことに様々な文献から得た情報を対比させ、そこから論理的結論を導き出す（自然の状態に近い海岸とそうではない海岸、水域における富栄養化など）。人為的な影響。 b 環境体系への人間の影響を様々な視点から受け入れ、長期的な視野から予想される結果を検証する。集約的な耕作と粗放的な耕作、植物・動物の外来種、自然利用、自然保護。 c 事実資料に基づき、責任を自覚した自然とのかかわり方への自己の考えや構想を発展させたり根拠づけたりする。

※生徒を主語にすべて can do で記述。太点線：指導の目途。網掛：各ステージの基本的な要求レベル。
出典：D-EDK (Hrsg.), Lehrplan 21 — Natur, Mensch, Gesellschaft. 31. 10. 2014, S. 32, 84, 103.

しておきたい。

　NMG の単元「動植物と生息空間を調べ、育てたり飼ったりする」(第 1 ～ 6 学年)は、第 7 学年以降に分化し、地理の単元「自然の体系」と生物の単元「自然利用と自然保護」に接続する。この学年を超えた縦の接続において、ESD に有意なコンピテンシーは以下のように発達段階的に定められている。

　これは一例に過ぎない。先に述べたように、レアプラン21には ESD を指導理念にする 7 つの教科横断的テーマが定められている。各教科の授業展開の中でこの 7 つのテーマの学習が網目状に張り巡らされていると同時に、ESD に有意なコンピテンシーの系統も明示されている。教科学習を基本とする現実の学校教育において、ESD や環境教育に対し、授業時数が配当された教科または領域として独立していないことを前提とすると、テーマで教科間を結ぶこの内容面での横断的な接続（横のつながり）とコンピテンシーによる縦の接続という、横糸と縦糸による網目状のカリキュラム構想は、とても現実的な対応であると言えよう。

　上記の教育課程の基準を参照しつつ、授業のテーマ選択においては、児童生徒の社会的な問題関心、直面している現実、日常経験を十分に踏まえることが大切である。その上で、テーマ選択のクライテリオンが 7 つ示されている。[19] 第一に、ローカルとグローバルの両面から今、現にそこにあるものや仕組みが、どのようなプロセスを経てそうなったのか、その経緯と所与との間の関係が説明できるものかどうか、である。第二に、過去の開発に関するリフレクションに取り組めるものであるか。第三に、未来世代に及ぼす過去と現在の影響を話題にできるものであるか。第四に、政治・エコロジー・エコノミー・社会・文化の各視角を明示できるテーマであるか。第五に、価値観が批判的に検討できるものであるかどうか。第六に、ステークホルダー間で競合する関心と一致する関心を説明できるものであるか。最後のクライテリオンは、不平等と権力の題材化の可否である。

　この 7 つのクライテリオンは、一方で教育課程のスタンダード化体制にあって、基準として定めるのは大枠のみで細目テーマを定めず運用を図ろうとするものであり、これは教師の教育の自由を保証するための措置といえよう。他

方、このクライテリオンは ESD の価値を伝えることのできる教材を教師自らが考え構想することを助ける道標でもある。

5　「環境教育学」とは何か

「環境教育学」を複合語として整理すると、環境＋教育学もしくは環境教育＋学の2パターンが考えられる。いずれの場合にも多義的な解釈が可能であるが、ひとつの有力な見解としては、前者は環境を教授・学習の対象とする教育学であり、この場合の教育学は学校教育学をフィールドとする専門家か否かで大きな違いを見せる。後者は環境教育の実践もしくは論の体系化を志向する立場であり、学としての教育学を目指したヘルバルトを追試することに類似する。

本章では PISA ショック以後のドイツの学校教育の実情を取り上げたことからすると、前者の学校教育学の立場から総括するのが適当であろう。

学校教育学として環境教育を展開するには、少なくとも教育目標とカリキュラム、授業方法等を備える必要がある。まず、教育目標には上位の理念法（日本では教育の目的・目標を定めた憲法や教育基本法、学校教育法レベルがこれに相当する）等を根拠にする実現論理を構築する必要があるだろう。それには、環境教育を通してしか実現ができない（主たるフィールドにするしかない）法の規定が何より重要である。

次に、教育実践への具体化のためのデザインとしてのカリキュラムの必要性である。ドイツ・スイス各国の情勢を鑑みると、第一に ESD と環境教育との教育課程上の関係性を定める必要がある。その際、環境教育を包摂する形で ESD を扱うのか、環境教育を引き継いだものとして ESD を扱うのか、環境教育に ESD を担わせるのか等、見解の定立は先延ばしできないだろう。

仮にこの関係性を定めたとして、第二に、環境教育、ESD のいずれを前面に出しても、他の教科等との関係性の問題が浮上する。独立の教科または領域とするのか、教科横断的な扱いにするのか、である。後者のケースで環境教育を前面に出すと、スイスの ESD の指導理念下に設定された7つのテーマ（人

権、性差、平和、異文化…）や情報、ヨーロッパなどに代表される域内統合等々、競合するテーマは少なくなく、教育課程の基準の改訂毎にその存続をめぐり、鎬を削ることとなるであろう。

　第三に、ドイツのPISAショック後の学力改革は世界的に知られるところであるが、そのドイツのみならずスイスにおいても、教育課程の基準は「コンピテンシー構築志向」を基本設計のコンセプトとしている。ここでは教育専門学会がそれぞれコンピテンシーの構造モデルや水準モデルを開発し、学会版教育スタンダードを提供できるかどうかにおいて、その真価が問われた。カリキュラム改革という現実的なオーダーに応えることができるかどうか等、専門学会としての存立意義が試されるところでもある。学校教育学を立脚点とした環境教育学を自認するとすれば、具体的な環境教育カリキュラムを提供するだけの学的な蓄積が不可欠となるであろう。

【注】
1) 現在、全面実施に向けた移行措置がとられているバイエルン州新学習指導要領でも、設定された14の諸教科横断的な教育目標のひとつにESDが定められ、そのESDの項目に括弧つきで「環境教育」と「グローバル学習」のふたつが包摂されている（vgl. Staatsinstitut für Schulqualität und Bildungsforschung, 2015, LehrplanPLUS-konkret. S. 22）。
2) 大友秀明・原田信之 1996「ドイツの環境教育カリキュラム」柿沼利昭研究代表『環境学習を事例とした総合的学習のカリキュラム構想（科研費報告書）』65-67頁。Vgl. KMK, Umwelt und Unterricht, Beschluß der Kultusministerkonferenz vom 17. 10. 1980.
3) 大友・原田・前掲論文（注2）66頁。
4) 森岡正博 1995「ディープ・エコロジーと自然観の変革」小原秀雄監修『環境思想の系譜3　環境思想の多様な展開』東海大学出版会、107頁。
5) Vgl. Gerhard Becker, 2001, Urbane Umweltbildung im Kontext einer nachhaltigen Entwicklung, Leske ＋ Budrich, S. 143-151. 図表2・3の説明も同文献に基づく。
6) Gerhard de Haan, 1996, Kulturorientierte Umweltbildung in der Grundschule, in George Siegfried & Ingrid Prote（Hrsg.）, Handbuch zur politischen Bildung in der Grundschule, Wochenschau Verlag, S. 213.
7) 井上静香 2001「1990年代ドイツにおける環境教育の新たな展開——『持続可能性のための教育』」環境教育10（2）、19頁。
8) Franz E. Weinert, 1999, Vergleichende Leistungsmessung in Schulen — eine umstrittene Selbstverständlichkeit, in Franz E. Weinert（Hrsg.）, Leistungsmessungen in Schulen, Beltz Verlag, S. 27-28.

9) 原田信之 2013「ドイツにおけるコンピテンシー構築志向型の学力改革——能力枠と非認知の学力要素」多田孝志ほか編著『グローバル時代の学校教育』三恵社、273頁。
10) 原田信之 2013「グローバル時代における『生きる力』の探究——ドイツの学力改革の視点から」学校教育研究28号、143頁。
11) 永田佳之 2015「ESDの真髄と日本の課題」教育展望61巻7号、33-34頁参照。
12) Thüringer Ministerium für Bildung, Wissenschaft und Kultur, 2010, Leitgedanken zu den Thüringer Lehrplänen für die Grundschule, S. 3.
13) Ebenda, S. 8-9.
14) Vgl. ebenda, S. 9.
15) Vgl. Empfehlung der Ständigen Konferenz der Kultusminister der Länder in der Bundesrepublik Deutschland (KMK) und der Deutschen UNESCO-Kommission (DUK) vom 15. 06. 2007 zur „Bildung für nachhaltige Entwicklung in der Schule".
16) Vgl. ebenda.
17) Deutschschweizer Erziehungsdirektoren-Konferenz (D-EDK) (Hrsg.), Lehrplan 21 — Grundlagen, 31. 10. 2014, S. 18.
18) D-EDK (Hrsg.), Lehrplan 21 — Grundlagen. 31. 10. 2014, S. 17.
19) D-EDK (Hrsg.), Lehrplan 21 — Grundlagen. 31. 10. 2014, S. 22.

第10章 環境教育学におけるソーシャル・イノベーションの視点

西村　仁志

1　環境教育と環境問題

　環境教育は、環境そのものや環境問題にかかわる知識の習得にとどまらず、問題の解決に向けて実践する意欲や態度、実行力を養うことが、当初よりその射程に入っている。しかし実際には「環境教育のなかでの教育」、「環境についての教育」、「環境のための教育」という3つの立場があるなかで、現実の環境問題を解決することをテーマとした教育実践「環境のための教育」は、今村が「この立場は、出発点からすでに政策とは切り離せない」（第1章）と指摘するように、慎重に取り扱われてきた。もしくは「関与が避けられてきた」とも言える。

　かつて公害の発生地域では、その発生の原因や被害状況、防止や解決の方法について学ぶとともに、子どもたちの健康を守る教育活動として「公害教育」が取り組まれた。ところがこうした活動は「偏向・イデオロギー教育」であるというレッテルも貼られる。筆者自身、学校教員の環境教育研修の講師を務めた際に某市の教育委員会の指導主事から「子どもたちへの環境教育はどんどんおやりになっていただいて良いですが、『環境問題教育』は困りますよ。」と釘をさされたこともある。地域における現実の環境問題、とりわけ地域の意見が賛成・反対で二分されているような事柄に子どもたちを巻き込まないでくれという意図だったのであろう。

　こうした「教育」サイドの議論や足踏みの一方で、現実の社会では様々な問題の解決が求められ、具体的実践が取り組まれてきた。環境にかかわる問題に

ついても、古くは公害や土地開発の問題、また農薬をはじめとする化学物質への対応が求められてきた。近年ではこうした背景や状況はさらに多様化、複雑化、広域化しており、地球温暖化防止、生物多様性保全、廃棄物（ごみ）処理、自然災害からの防災・減災、資源とエネルギー、そして原発事故に伴う問題などへの対応、解決が求められている。さらには環境だけではなく、開発、貧困、食糧、安全保障、平和、人権問題など、今村が「近現代産業社会の内在的問題」（第1章）と呼ぶ諸問題とも関連する。

　ところが、こうした社会における諸問題は政府や公務員、善意のボランティアなどの「私自身ではない誰か」が解決してくれるのだろうか。環境教育はまさしくこうした諸問題の解決にあたる「当事者」を生み出し、必要な知識や技能そして態度や実行力を育てる役割があり、さらにその先に持続可能な社会への担い手をつくり、そうした社会を現実のものにしていくことが求められているのではないだろうか。このような社会問題解決の新しい取り組みとして登場し、注目されてきているのがソーシャル・イノベーションである。

　そこで本章では実際の社会問題の解決を目指すソーシャル・イノベーションと環境教育学とは、いったいどのように関連づけられるのかを考えたい。

2　ソーシャル・イノベーションとは

(1)　登場の背景

　ソーシャル・イノベーションについてMulganは「利潤ではなく『社会ニーズ』に動機づけられた革新的な活動やサービス」[1]、谷本寛治は「社会的課題の解決に取り組むビジネスを通して新しい社会的価値を創出し、社会的成果をもたらす革新」[2]であると定義している。

　「イノベーション」は新しいアイデアを具体的な商品やサービスとして市場に送り出し、社会や経済に変革をもたらすものとして、主に企業経営の世界から議論されてきたものである。この言葉は経済学者のシュムペーターが著書『経済発展の理論』のなかで「イノベーションとは経済活動の中で生産手段や資源、そして労働力などを今までとは異なる仕方で『新結合』すること」であ

ると初めて提唱したものだ。1990年代後半、そして21世紀に入ってソーシャル・イノベーションに注目がなされ、その実践や議論が活発化してきた。社会福祉、環境、教育など様々な分野で社会にインパクトを与えている。

　近年、このようにソーシャル・イノベーションへの注目がなされるようになったのにはいくつかの要因がある。ひとつは従来の公共（政府）セクターでは扱いきれない問題が増えてきたことである。地球環境問題や南北問題など一国の政府では対応が難しく、また一方で、地域の社会的弱者のためのきめ細かな支援など、行政には不向きな問題も多数存在するという点だ。また市民（NPO）セクターでは、従来様々な社会的活動をボランティアや寄付、助成金をベースで進めてきたが、資金調達や活動の継続性の担保や雇用を生み出すために営利ビジネスの手法も用いられるようになった。こうしてソーシャル・イノベーションの領域は小規模金融、飲食、物販、自然エネルギーなど、幅広く拡がり続けている。また市場（企業）セクターにも大きな変化が起こりつつある。それは企業の社会的責任の範囲が拡大してきたことであり、従来の社会貢献活動の範囲を超え、自ら社会問題の解決に乗り出すビジネスも登場してきたのである。このように営利／非営利の境界そして市民／企業の境界は曖昧化の傾向を見せている。このように市民、企業、行政それぞれの主体の活動が変化したことで社会経済システムが再構築されつつあると言える。

(2) 私の置かれている現実と必然性から

　ソーシャル・イノベーションは、アントレプレナー（社会起業家）による社会問題の認知から始まる。そして、その「認知」には社会に対する「思い」がソーシャル・イノベーションの出発点となり、アントレプレナーの「マインド」が大きく関係している。もちろん個々人の「マインド」は異なるため、生物多様性の保全、気候変動（温暖化）、ごみの減量などの環境問題への対応、都市への人口集中、中山間地域の過疎化、貧困への対応、安全な食料と水資源の確保、社会的弱者やマイノリティへのサポート、災害被災地への救援や復興支援、南北格差の解消など、実に多様な社会的関心事が示されている。

　ここで筆者が注目しているのは自分（私）自身がそこに注力していく必然性

であり、ストーリーとも言える「現実性」である。「社会のなかで未だ求められていない、気づかれてさえいない問題、およびその解決方策」を「私の置かれている現実と必然性」によって掘り起こしていくところにこそソーシャル・イノベーションの本質がある。「他人にはどうでもいいことかもしれないが、私には放っておけない」というところが、「私の置かれている現実と必然性」に立脚して独創性を生み出す原動力となるのである。そこで筆者はソーシャル・イノベーションを「社会において発生する諸問題を見出し、自らの関心と思いに基づいた解決策として独創的な事業手法を開発し、その具体的展開を通じて人と社会との関係へ働きかけ、新しい社会的価値を創造していくこと[4]」であると定義を試みた。社会の誰もが自ら主体となって「自分で何かを始めること、仲間とともに動き出すこと」という営みを通じ、現状を変え、社会の新しい未来を拓いていける可能性を持っているのである。

(3) 環境教育との共通のゴール

　前節で述べたとおりソーシャル・イノベーションの営みには実に多様な社会的関心事が示されている。そして、その「認知」には社会に対する「思い」が出発点となっており、アントレプレナーの「マインド」が大きく関係している。また「社会的問題の解決や、より良い社会を目指して活動し、イノベーションをもたらす」というミッションが内蔵されている。社会的問題の解決や、より良い社会を目指していることは間違いない。しかし、ソーシャル・イノベーションによって、いったいどのような社会が導かれようとしているのだろうか。

　本書の執筆者の一人、井上有一は未来の社会に向けた人類全体の課題を整理している。1992年の「地球サミット」に並行して、世界中から市民セクターの代表者がブラジル・リオデジャネイロに集まった「グローバル・フォーラム」では、地球社会の市民セクターの主張や価値観を示す「NGOオルタナティブ条約」と呼ばれる46もの合意文書がまとめられた。井上は、このなかで特徴的な事柄として、「社会の根底からの構造的変革に向けた展望」が示されていることと、「持続可能」と並んで「公正」という言葉が繰り返し現れることだと

指摘している[5]。

　そして、これらの文書で共有される究極的な目標は「地球に住む一人ひとりの人間すべてが、生活を破壊されることなく、満足して幸福に生きていけることの達成」であるとし、「まず守られるものとして人間の生活があり、これを支える社会が持続可能であること。そしてこれを支える環境が持続可能であることが求められている。」またこの「環境持続性」とならんで、「社会における公正」が不可欠であるとした。これは特に発展途上国の市民セクター代表者からの主張であり、社会正義や政治的自由、そして分配の衡平といった必要に基づくものである。

　井上は「持続可能な社会」への３つの課題として①環境持続性の保持、②社会的公正の保障、③存在の豊かさの実現という３つを示している。なかでも③存在の豊かさ、の実現について「個々の人間が、満足感や生き甲斐をもって生きていくなかに得られるもの」とし、「ものの豊かさ（所有・支配の豊かさ）」に依存するものではなく「関係の豊かさ（つながり・共生の豊かさ）に結びつくもの」であることが重要であること。そして①、②が、③を実現するための前提条件ともなると述べている。そして、この「あるべき姿」を実現しようとする取り組みを支えるふたつの要素として「民主的な手続きのもとに、科学的な裏づけのある合理的選択を現実のものにしていこうとする広い意味での政治的取り組み」と「共生や連帯といった対等の関係をささえる感性や心情を取り組みの基盤にしていこうという姿勢」が重要であると指摘している。

　環境教育とソーシャル・イノベーションの両者はまさに向かうべきゴールとして、井上のいう先述の３つの条件／課題を共有している。社会変革へのマインドを育み、ソーシャル・イノベーションのプロセスを協働実践者や学習者とともに歩んでいくことは、きわめて「環境教育的なプロセス」であると考えられる。

3 自然学校の教育実践を手がかりに

(1) 自然学校とは

　筆者は日本における「自然学校」の成立と発展の過程についてソーシャル・イノベーションの観点から着目してきた。環境教育とソーシャル・イノベーションの関連について、これらを手がかりに考えてみよう。

　「自然学校」とは、「自然体験活動・学習のための場、指導者や教材などを計画的・組織的に提供する施設・団体」である。こうした自然学校は1980年代以降、子どもたちへの教育のあり方の問い直し、悪化しつつある地球環境をはじめとする人類社会の持続可能性への危機感、地方の過疎化と都会への人口集中などを背景として日本各地に成立してきた。その数は着実に増え続け、現在、約3700存在すると推計されている。宿泊しながら広大な自然のなかで様々な体験ができる大規模な施設から個人が主宰する小規模な自然体験のつどいまで、規模や内容は様々であるが、教育のオルタナティブの提示、環境教育、地域活性化など創業者の様々な思いを具現化する形で営まれ、またその社会的関与領域を拡げてきた。そして近年「自然学校」は社会問題解決と持続可能な社会の実現に向けた取り組みであるという社会的な評価と期待がなされるようになってきている。中山間地域、もしくは過疎の村で新しい事業所として立ち上がった自然学校は、地域において「新しい仕事」、「新しい産業」をつくり出しており、地域の持続可能性を高めるとともに新しい社会的価値を創造しつつあり、まさしくソーシャル・イノベーションの担い手であるといえる。

(2) NPO法人グリーンウッド自然体験教育センター

　長野県南部、天竜川の右岸に位置する泰阜村で25年にわたる教育実践を行ってきた「NPO法人グリーンウッド自然体験教育センター」（以下、グリーンウッドと表記）を取り上げよう。泰阜村は人口わずか約1900人の山村で、村の総面積64.54km²のうち、山林が9割近くを占める。当然のことながらここにも過疎化、高齢化の波が押し寄せている。グリーンウッドの発祥は1985年、当時20代

の若者たちが泰阜村で1ヶ月のこども長期キャンプを開催したことに始まる。この経験から発案された民間の山村留学「暮らしの学校だいだらぼっち」が村民たちの厳しい反対意見に揉まれながらも次第に受け入れられ定着していく。そしてひと夏に1000人もの子どもたちが参加する「信州子ども山賊キャンプ」、続いて地元の子どもたちを対象とした「泰阜村立あんじゃね自然学校」(「あんじゃね」とは伊那地方の方言で「気にしなくても大丈夫だよ」の意味)、そして村民たちが地域教育にむけて大きな動きを始めていくこととなる「あんじゃね支援学校」など多様な展開へとつながっていく。

　グリーンウッドは、子どもたちを村の猟師、養蚕農家、炭焼き職人、中国東北部からの帰国者など多様な村民と出会わせる。それは村民たちの生業、暮らし、村の歴史とつなぎ、「時空を超えた関係性」から村の暮らしを学ばせることにつながっている。こうした展開は泰阜村の方針である「住民にとって社会参画や自己実現の契機となる『共助』を豊かに形成し、新自由主義に対抗する地域づくりを実現すること」「コミュニティレベルの自己決定権の保障」を課題として認識した独自の地域づくりと歩調を合わせてきたのである。

　このようにして当初は村民たちから「招かれざるヨソモノ」や「遊んでいる人」と見られていた若者たちが村のなかに徐々に根を下ろし、村民たちとの交流と子どもたちの体験活動を通じて事業基盤を確立していったのである。

　グリーンウッドはいまや20名近い常勤スタッフの雇用をこの山村において創出し、若い世代を村に定住させてきた。これは村内で3番目の事業所規模にもなり、これによってIターンや若者定住の実現、村の学校の教育環境整備にもつながり、また地域自治組織役員を担うこともできる住民としての評価もされつつある。そして村民たちの意識は「この村にいては将来がない」から「この村で自立したい」にまで変化してきているのだ。

(3) TAPPO 南魚沼やまとくらしの学校

　探検家で「NPO法人ECOPLUS」の代表でもある高野孝子は出身地の新潟県南魚沼市で、地元の農山村集落とNPOとの協働による「TAPPO南魚沼やまとくらしの学校」事業を2007年から始めている。この事業の舞台となってい

る栃窪集落は約60世帯210名が暮らしているが高齢化率が36.8%、地域の小学校は児童数が10名前後で統廃合の話が持ち上がっている。小学校は地域のシンボルでもあり、「学校存続対策委員会」が結成される。以前から高野は子どものキャンプ事業を集落内で実施していたこともあり、相談を持ちかけられたのがきっかけだ。

　高野はこうした農山村にエネルギーや安全な水や食、空気といった生命の基盤に加えて「文化や精神面、経済の仕組み、課題解決の方法など、平和で豊かな、持続可能な社会を構築するヒントが、何百年にもわたって存在し続けてきた農山漁村に詰まっている」[8]と考え、こうした地域や農山漁村を現代社会全体の資産と再設定して、都市住民とともに地域づくりに取り組むという構想を考案した。集落内に設けた事務局のほかは自前の施設はなく、公民館や小学校、個人宅、田畑や山や森が活動フィールドだ。そして活動の内容はナメコのコマ打ち、水路の清掃作業、棚田での稲作の諸作業など村において昔から続いてきた暮らしの日常的な行為にそのままかかわる。いわば村全体が学びの場であり、また一方通行の参加者ではなく、どれもがそれぞれの立場で貢献し合う仲間として存在する。こうした自然学校の取り組みは「都市住民との交流の中で新たな自立をめざす」、そして「集落にある伝統的な暮らしの作業が都市住民には大きな価値がある」[9]というように地域住民、参加した都市住民の両方の意識を変えてきたのである。

　グリーンウッド、そしてTAPPO南魚沼やまとくらしの学校という2つの事例を取り上げた。このように自然学校は当初、自然体験活動、あるいは自然体験型環境教育の実践者として成立したが、その後、自然学校の実践は教育の観点からだけでは生み出し得ない、また測り得ないものを生み出している。それは村内の多様な主体をつなぐことで、教える側と学ぶ側というような役割を超えて新しい価値を生み出し、さらにそれがかかわる人々や地域全体へと波及している。まさにこれがソーシャル・イノベーションである。

(4)　「実践コミュニティ」による発展

　さて、こうしたソーシャル・イノベーションのすぐれた実践は地域を越えて

伝播していく。社会からのニーズがあり、解決へ向けた実践意欲と知恵があれば、あたかも飛び火するかのように広がっていくのだ。20年ほどの間に日本全国に3700もの自然学校が生まれてきたこと、そして自然学校によるソーシャル・イノベーションの創出と波及のプロセスには実践者同士の学び合うつながり＝実践コミュニティの形成が大きくかかわっている。実践コミュニティ（Communities of Practice）とはアメリカの文化人類学者のエティエンヌ・ウェンガーらによって定義された「あるテーマに関する関心や問題、熱意などを共有し、その分野の知識や技能を、持続的な相互交流を通じていく人々の集団」[10]である。

　個別の自然学校と実践コミュニティとしての自然学校運動とは、ソーシャル・イノベーションの創出と波及のプロセスにおいて「学習」と「適用」を繰り返していく「Double-Knit: 二重編み」の構造を描き、相互補完的・相互触発的にソーシャル・イノベーションを加速させてきたと言える。筆者がその様子を「『二重編み型』ソーシャル・イノベーションのプロセスモデル」として書き表したのが図表1である。

　自然学校の成立と発展過程をこのモデルを用いて説明すると、まずは①自然

図表1　「二重編み型」ソーシャル・イノベーションのプロセスモデル

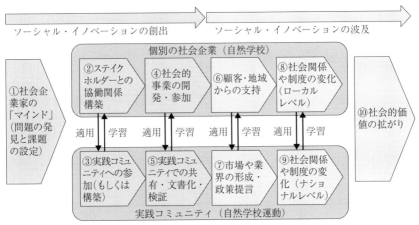

出典：筆者作成

学校創業者による問題の発見と課題の設定（「マインド」）があり、②地域住民、行政、他の事業者等ステイクホルダーとの協働関係を構築しつつ、自然学校が起業される。その一方で③自然学校にまつわる集会等の主催や参加を通じて、実践コミュニティの一員となり、「学習」と「適用」が始まる。④実践コミュニティで学習した「知」を活用しながら、自然学校での教育実践が始まる（社会的事業の開発・参加）。⑤実践コミュニティでは各自然学校からの教育実践の情報交換が行われ、共有化、文書化、検証が行われる。この④と⑤の間にも活発な「学習」と「適用」のやりとりが行われる。⑥自然学校の事業の質の高まり、専門性の確立によって顧客・地域からの支持をうけるようになる（各自然学校が力量を形成）。⑦自然学校の市場と業界が形成され、また実践コミュニティをベースにした政策提言活動等が可能になる。⑥と⑦の間にも活発な「学習」と「適用」のやりとりが行われる。そして⑧⑨ローカルと、ナショナルの両方のレベルで社会関係や制度の変化が起き、⑩「自然学校」の社会的価値が拡がってきた、と見ることができる。このように自然学校の「ローカルな実践」と全国に広がる「実践コミュニティ」とが学習と適用を繰り返しながら社会関係や制度の変化、新しい社会的価値の広がりをもたらしたと考えられる。このようにローカルにおけるすぐれた実践が地域を超えて伝播していく様子も「環境教育的な」プロセスであろう。

(5) 組織的、継続的にステイクホルダーの力を結集

　続いて、地域の生物多様性の保全に、市民、学校、事業者、研究者、行政など多様なステイクホルダーの力を結集して取り組んでいる岡山市竹枝地区の「旭川かいぼり調査」の事例を紹介しよう。ナチュラリストで、岡山市の職員でもある友延栄一はこの実践をソーシャル・イノベーションの視点で組み立て、組織的、継続的に多様なステイクホルダーをつなぐコーディネートを行ってきた。
　この調査イベントは大型建設機械を使って一時的に旭川をせき止め、水位を下げたところに地域住民や子どもたち、大学生ボランティア、研究者などあわせて数百名が入って、川に生息する魚たちを一斉に捕まえて調査するという取り組みだ。

主催者による開会の挨拶と調査方法の説明の後、参加者たちが川に入ると、すぐに歓声があちこちから上がる。自分たちで捕まえた魚たちの生き生きとしたいのちに触れる喜びが伝わる幸福感にあふれた声だ。捕まえた魚は大学生ボランティアによって種類と生息数がカウントされていく。そしてこの調査の後、参加者たちは「川を耕す」と称して河床の石を動かしていく。これは河川の底の堆積物を一旦洗い流すことで水生昆虫や淡水魚の生息環境を良好に保つことを狙っている。参加者が川の環境改善に直接関与できる活動だ。2006年から始まったこの住民参加型の調査活動は毎年続けられ、川の清らかさと豊かさの指標となる淡水魚の「てっきり（和名：アカザ）」というナマズ目の魚は毎年その生息数の増加を確認している。このことは生物多様性の保全と同時に、旭川に対する地域住民の愛着を高めることにもつながっている。

　友延は調査イベントに関係する主体とそれぞれが果たしている役割について、図表2のように協働関係図として描いた。研究者、行政、第一次産業、土

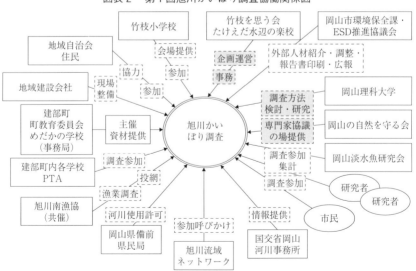

図表2　第1回旭川かいぼり調査協働関係図

出典：友延栄一 2010『地域における生物多様性の保全に向けたパートナーシップ構築の実践的研究——岡山市周辺をフィールドとして』同志社大学大学院総合政策科学研究科修士論文。

木建設、観光業関係者など、分野や領域を超えた協働関係の構築について「自然保護地域の指定により人為的影響を排除した形の保護であれば、生態学や環境保全行政分野の関係者中心の保護活動も成立するが、土地利用の規制が緩い開かれた地域では、様々な関係者が存在しており、それら関係者との関係構築を念頭に置く必要がある。[11]」としてその重要性を指摘している。

　谷本はこうした協働関係を「ソーシャル・イノベーション・クラスター」と呼び、「社会的企業、中間支援組織、資金提供機関、大学・研究機関などが地理的に集中し、これらが協力的かつ競争的な関係を構築することにより、多様な社会的課題への新しい解決方法や新しい社会的価値が生み出され、新しい社会的事業が形成されるような組織の集積状態[12]」だとしている。そして、このように地域において「フェイス・ツー・フェイスで交流できる範囲」に多様な主体が存在し、社会問題解決に向けた協働関係を構築していくことがソーシャル・イノベーション創出の要素であると重視している。

4　環境教育のゴールとしてのソーシャル・イノベーション

　さて、次に筆者なりに環境教育におけるソーシャル・イノベーションの位置づけについて考えてみた。以下の図表3は環境教育のスタートから、持続可能な社会が実際に実現しゴールインする。もしくはそのゴールが射程に入ってくるというところまでのシナリオを描いてみたものだ。環境教育の出発点としては、自分自身が一人の人間として、あるいはひとつの＜いのち＞として、自然の営みによって支えられ、生かされている存在であること、自然の営みの一部であるということを実感することから始まる（個人）。次に自らの暮らし、家庭生活を水、食料、エネルギーや「モノ」とのつながり、そして環境影響の観点から見つめ、より良いあり方にむけて変えていくこと（家庭内）。そして地域社会とのつながりやまちづくり、意思決定への参画、あるいはより良い社会を目指す活動への参画や起業（社会で）などがこのシナリオの後半部分となる。

　そして最終のゴールとして持続可能な社会へのソーシャル・イノベーションにつなげていくというものだ。個人や家庭内の学びや取り組みにとどまらず、

第10章　環境教育学におけるソーシャル・イノベーションの視点

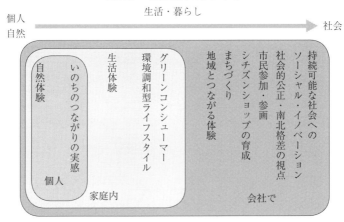

図表3　環境教育のシナリオ

出典：筆者作成

持続可能な社会を目指す実践へと導き、そのためのセンスとマインド、さらに問題解決にむけたスキルや実行力を養っていくこと、つまり環境教育の成果としてソーシャル・イノベーター（社会変革者）やソーシャル・アントレプレナー（社会起業家）が生み出され、次なる社会変革の担い手となっていくというふうに企んでいるのである。

5　ソーシャル・イノベーションと環境教育学

さて、ここまでいろいろと環境教育とソーシャル・イノベーションにまつわる様々な事例の見聞や筆者の考えを書き連ねてきた。これらについてまとめてみたい。

①問題だらけの「いま」の社会から、目指すべき持続可能な社会に向けた社会の変革、すなわち「ソーシャル・イノベーション」が求められ、取り組みが始まっている。環境教育は持続可能な社会を実現するための教育実践である。環境教育とソーシャル・イノベーションの両者は向かうべきゴールとして、生態的持続可能性、社会的公正、一人ひとりの存在の豊かさ、を共有している。

②持続可能な社会を実現するための様々な社会的実践からは、そこにかかわる人々に多くの学びをもたらす。社会変革へのマインドを育み、ソーシャル・イノベーションのプロセスを協働実践者や学習者とともに歩んでいくことは「環境教育的なプロセス」である。

　③ソーシャル・イノベーションから見ると環境教育の実践はそのなかの取り組みとして位置づけられる（環境教育はソーシャル・イノベーションに含まれる）。環境教育から見ると、ソーシャル・イノベーションはそのなかの最終段階に位置づけられる（ソーシャル・イノベーションは環境教育に含まれる）。つまり両者は相互に「入れ子」の関係にある。

　④ソーシャル・イノベーションには環境教育やESDのプロジェクトを立ち上げる際、事業スキームを新たに構築し、組織や協働関係、活動資金調達の仕組みなどを創出していくノウハウなど、数多くの知見が含まれている。

　以上のように議論はまだ十分に整理できているとは言い難く、今後も環境教育ならびにソーシャル・イノベーションの双方から接近し、議論を通じて相互の関係や位置づけ、異同について明らかにしていかねばならない。

　環境教育学の確立と体系化を考えていく上では、現実の社会のなかで起こっている問題へのセンスとマインドを養い、さらに問題解決に向けたスキルや実行力を養っていくという領域が当然その射程に入るべきだろう。近年、各地の大学では地域・政策系をはじめとして多様な学部・学科で、学生たちを地域に送り出し、現場の問題解決に携わることで学習するPBL（Project Based Learning、もしくはProblem Based Learning）が数多く取り組まれるようになってきた。また若い世代による社会起業やプロジェクトも次々と生まれてきている。なかには中山間地域、都市中心部や商店街の活性化、子育て支援など、自然や環境、人々のライフスタイルに関わりの深い現場も多く、こうした方々にはぜひとも環境教育学を身につけて現場に出る、さらに現場実践と理論とを往還し、架橋する際に環境教育学を活用できるように願うものである。

【注】
1）　Geoff Mulgan, *et al.* 2007, "Social Innovation" *What is, Why it matters and How it can*

第10章　環境教育学におけるソーシャル・イノベーションの視点

　　　be accelerated, Working paper, Oxford Said Business School.
2）　谷本寛治 2009「ソーシャル・ビジネスとソーシャル・イノベーション」一橋大学イノベーション研究センター『一橋ビジネスレビュー』東洋経済新報社。
3）　シュムペーター 1977『経済発展の理論——企業者利潤・資本・信用・利子および景気の回転に関する一研究』塩野谷祐一ほか訳、岩波書店。
4）　西村仁志編著 2014『ソーシャル・イノベーションが拓く世界——身近な社会問題解決のためのトピックス30』法律文化社。
5）　井上有一 2009「環境世界論——エコロジーを越えて」飯田隆ほか編『岩波講座 哲学 08 生命／環境の哲学』岩波書店。
6）　西村仁志 2013『ソーシャル・イノベーションとしての自然学校——成立と発展のダイナミズム』みくに出版。
7）　NPO法人日本エコツーリズムセンター「自然学校全国調査2010」による。
8）　岩崎正弥・高野孝子 2010『場の教育「土地に根ざす学び」の水脈』社団法人農山漁村文化協会。
9）　岩崎・高野前掲書（注8）。
10）　E. Wenger *et al.*, 2002,*Cultivating Communities of Practice*, Harvard Business School Press（エティエンヌ・ウェンガーほか 2002『コミュニティ・オブ・プラクティス——ナレッジ社会の新たな知識形態の実践』野村恭彦監修、櫻井祐子訳、翔泳社）。
11）　友延栄一 2010『地域における生物多様性の保全に向けたパートナーシップ構築の実践的研究——岡山市周辺をフィールドとして』同志社大学大学院総合政策科学研究科修士論文。
12）　谷本寛治 2006『ソーシャル・エンタープライズ——社会的企業の台頭』中央経済社。

第11章 「地域」の視点から環境教育学を構想する

小栗　有子

1　環境教育〈学理論〉の範疇に置く基本問題

(1) 環境教育の基礎理論に取り組むということ

　岩田好宏は、その近著『環境教育とは何か』の冒頭で、環境教育の基礎理論（〔基礎理論〕は第1章の〔学理論〕の定義に近い）を確立する努力がこれまで足りなかったことを指摘している[1]。この背景には、巷に環境破壊や自然破壊があふれているため、現実から素材を見つければ環境教育が展開できるという安易さと、人間と環境との関係は、人間の存在の基礎であるため、人間の行動や外界について扱えばなんでも環境教育論になりうることを挙げている。また、環境、自然にかかわる問題についての取り組み、教育実践を追認するだけものが多く、基礎についての理論的な取り組みがされてきてないとも述べている。

　ここから頭をもたげることは、これまで環境教育の基礎理論を確立する努力を怠ってきたということは、そもそも環境教育とは何か、あるいは、ここでいう環境とは何か、教育とは何か、といった一つひとつの概念を丁寧に深く熟慮し、規定することをしてこなかった。その議論を闘わせてこなかったということであろう。かくいう岩田は「書き進め、考えていくなかで、最も根本的なこととして、『人間にとって良質な環境とはいかなるものか』ということがほとんど論じられていないことに気付きました。」と語り、これを軸として環境論と教育論について前掲著のなかで展開している。岩田の場合は、「人間にとって良質な環境とは何か」という問いを立て、その解を求めることでいかなる環境を保全し、どのような環境教育を進めるかを明らかにしようとした。岩田が

着手した仕事のように、環境教育の基礎理論を固め、さらに環境教育を学として確立していくためは、環境教育を語る上でこれまで自明としてきた事柄について今後も一つひとつ検証していく作業が必要だろう。ただし、そこで問われることは、何を問いとして立てるのかである。

(2) 環境教育論と環境問題との関係を再考する

このことに関連して、筆者には日頃より気にかかっていることがある。それは、環境教育論と環境問題との関係である。常識的には、「環境教育は環境問題を解決するための教育である」とみなされるのかもしれない。だが、実際にその是非を周囲に問うてみると、いや、そうとも言い切れないのではないか、と疑問を呈する人も少なくない。これは、環境教育としての教育的価値にかかわる問題であるが、これまで立ち止まって十分に検討されてきただろうか。そもそもこの問いには、環境問題の規定がない。「問題」の設定が変われば、当然「解答」も変わるのだが、そのことを気に留める者は多くないように思う。ただ、そのなかでも岩田より20年も前に環境教育論の理論構造の不明確さ提起した安藤聡彦が、この問題を取り上げている。

安藤は、90年代当時の日本の環境教育論の構築が、生物学や地理学、都市計画学など環境学関連の専門家によって担われてきたことを取り上げ、そのデメリットを2点に絞って述べている[2]。第一は、伝達される知と学習主体との関係の問題で、諸環境教育論には、学習主体としての子ども・青年・成人を取り巻く環境の現実を把握する装置が欠落していることを指摘している。つまり、環境学関連フィールドから構築される諸環境教育論は、本質的に多様なフィールドからの知の伝達論であり、それらは共通の概念や言葉を持つことなく、また、現場のリアリティとは無関係に個別のフィールドから環境問題のある側面が切り取って提示されることになる。その結果、ある種の問題が学習者の目から隠されたり、学習主体にとってより切実な問題が遠ざけられたりする問題が生じるという。第二の問題は、諸環境教育論が、環境教育を取り巻く歴史的＝社会的コンテクストに対してしばしば無自覚であり、環境教育が課題とされる政治状況についての批判的考察がなされないことを挙げている。

安藤は、ここで確かに環境問題のことを取り上げ、学習主体にとっての環境問題のリアリティと諸環境教育論との関係に言及している。ただし、この論考の第一義の目的は、環境教育研究に教育研究者が少ないことを問題視し、その理由を教育研究の性格に由来する構造的な問題に求め、教育研究の世界に「環境」という概念を位置づけることの必要性を提起することであった。したがって、環境教育論と環境問題の関係について示唆することはあるにしろ、環境問題は何であり、環境問題が解決することと環境教育との関係を原理的に探究しているわけではない。

　一方、論者の管見の限りでは、環境問題とその解決について最も誠実な答えを与えているのが、地域（鹿児島）環境学を提唱する小野寺浩である。彼は、環境問題の本質はあくまでも諸要素間の適正なバランスを求めることにあり、環境問題への対応の原則は、かかわる主体によってそれぞれ異なる価値を調整し整序していくことにあると語っている[3]。さらに続けて環境問題の特質について次の２点を挙げる。ひとつは、環境問題にかかわる原因と結果の間の要因があまりにも複雑多様で現在の科学的知見では到底科学的分析に耐えないということだ。もうひとつが、求められる環境の量および質がほとんどの場合、社会性を帯びたものと措定し、合理的な環境水準とは社会合意の反映であると言う。これらを要約すれば、環境問題の解決には、専門家でさえ科学的に解明できないことを含み、個々人の感性や価値観の総和としてその時代の社会集団の合意を要求するということだろう。

　では、環境問題はどう理解したらよいのだろうか。小野寺をリーダーとする鹿児島環境学では、環境問題が、外部にある環境の破壊であると同時に、私たちの内にあった自然に対する感性の喪失という二重の意味を持つと指摘する[4]。より根本的には、自然の一部としてのヒトと、自然を操作する主体としての人間、この人間存在の二重性と矛盾から生じるものであると述べ、さらに私たちがいまだ、これらを刺し貫く思想と価値観を見出せていない問題として規定する。

　論者はかつて、小野寺や鹿児島環境学の議論を受けて、環境教育論の課題として次の３点を提起したことがある[5]。ひとつは、「日常から環境問題を問い直す」ことの必要性である。ここで言う日常とは、日々の生活を営む人々の感覚

という意味に等しく、情報が氾濫し、個々ばらばらに扱われがちな環境問題を構成するテーマを「日常」というフレームを用いて統合することである。ふたつ目は、鹿児島環境学における環境問題の本質理解、すなわち、環境問題の発生の根源に「人間存在の二重性と矛盾」を指定して環境教育を捉え直すことである。3つ目は、環境問題の対応原則を踏まえ、個人の意識や行動の変容に注目するのではなく、異なる価値観や複雑な利害関係を調整していける力の獲得や、個人の価値観と社会全体の合意の間のギャップの埋め方に問題関心をスライドさせることである。これらは、いまだ問題提起で終わっているが、環境教育の〈学理論〉(今村)を構築する上で考慮していく必要があると考えている。

(3) 「地域」の視点から環境教育学の問いを考える

ところで、岩田と同世代で、同じく環境とは何かを原理的に問うている論者に鈴木善次がいる。鈴木理論の特徴は、「環境主体」との関係で環境、および、環境問題を規定していることであろう[6]。また、科学文明を人間環境と対置させ、科学、技術、文明、文化などの概念を検討している。いずれの概念も環境教育〈学理論〉の構築にとっての基礎概念であることに間違いない。ただし、筆者のようにこれまでずっと地域にこだわってきた者からすると、鈴木理論には物足りなさを感じる。簡潔に言えば、鈴木理論には地域論がないのだ。その結果、彼の環境教育論からは、抽象的な意味での環境主体しか見えてこない。

第3章で降旗は、公害教育や自然保護教育と環境教育との連続・非連続の問題を取り上げているが、「地域」という視点からもここでいう連続・非連続の問題は捉えることができると考えている。公害教育や自然保護教育の歴史的研究の蓄積が伝えるように、いずれの教育実践も地域に根ざす現実の課題への取り組みを基本としていた。つまり、地域は、のちに環境教育と置き換わっていくことになる公害教育や自然保護教育を成立させる条件であったといえる。ところが、たとえば、1991年に発刊された環境教育指導資料(文部科学省)に見られるように、環境教育が市民権を得るようになってからは、環境教育を展開する上で地域は必ずしも必須条件ではなくなってしまう。この変化は、環境教育をめぐる連続・非連続の問題を考える上で、決して小さくない問題である。

では、なぜ小さくない問題なのか。これらのことを論じようというのが本章の目的である。結論から言えば、「地域」は、環境教育〈学理論〉の範疇に置くべき基本問題だ、ということになる。しかし、環境問題という概念がそうであったように、これまで地域は、環境教育論として正面から論じられたことは多くなかった。そこで本章は、まず地域と環境教育論の関係を扱った環境教育研究の今日の到達点を確認した上で、そこから改めて「地域」概念の検討を行い、「地域」の視点から立ち上がる環境教育学を構想してみたい。

2　環境教育論と環境問題が出合う新しい地平

(1)　「環境教育の主体は地域である」

　環境教育論と地域の関係を扱った近年の研究では、高野孝子を代表とする「地域に根ざした環境教育の姿を探る」(PBE：Place Based Education) をテーマにした共同研究の成果がある[7]。共同研究者の一人である安藤は、環境教育が「地域に根ざす」ことがなぜ必要なのかについてまとまった論考を発表している。安藤が著した『環境教育組織論覚書』は、日本における環境教育における〈学理論〉研究の到達点というべき試論であり、この内容を詳しく見ていくことにする[8]。

　安藤は、環境教育がなぜ地域に根ざす必要があるのかを探究するためには、学校教育制度を中心にした考えから、「環境教育の主体は地域である」という考えに改める必要性を説いている。地域が主体という意味は、「環境教育は社会の全構成員の事業である」と言い換えられる。安藤の言葉を用いて解説すれば、環境教育は「もっぱら専門家としての教師や専門機関としての学校に委ねるべきことではなく、社会の構成員の一人ひとりが、すなわち私たち自身がその担い手なのであって、私たち自身が自らの生き方の問題として—すなわち価値判断や行動の選択も含んで—環境との関わり方を模索し深めていきながら、それを他者に伝え、その他者の環境との関わりの成熟を励ましていく営み」である。したがって、安藤がこの著のタイトルに掲げる「環境教育組織論」は、学校を中心に環境教育に取り組み、環境教育を推進しようとする組織論ではな

い。安藤がここで試みようとしていることは、地域を環境教育の主体として環境教育の組織づくりを進めようという提案である。つまり、我々の関心事である環境教育論と地域との関係は、ここでは環境教育論を構想する幹、もしくは、根幹として地域は位置づけられている。

　ここで論じられている地域とは、人間と環境との関わりが取り結ばれる場のことであり、「人間が生きる場としての地域」と「環境が具体的な表れをする場としての地域」というふたつの要素を持つ。安藤がこのように考える背景には、60年代後半から70年代にかけて展開された公害教育運動の存在がある。その運動とは、「公害問題ならびに人間の生命・健康に被害を及ぼす可能性のある環境・開発問題に直面した人々が、自己そして／あるいは他者の認識や行動の変化をめざして行ってきた一連の学習・教育実践」[9]のことを指し、その具体的な実践内容には、①住民運動に参加し、地域の問題に取り組むこと、②自らの地域の実態／問題／歴史を調査し、それを問題解決に活かすこと、③地域の現実に即して教育課程を自主編成し、問題の探究と解決への展望を子どもたちと共有することを含んでいた。[10]

　またここで注意しておきたいことは、ひとつには、ここでの「地域」概念は、上原専禄が1963年に提起した「価値概念」という性格を有するものだということだ。つまり、高度経済成長下での諸矛盾の噴出に対して、中央の権力による地域支配政策に対する抵抗の拠点としての意味合いを持っていた。またもうひとつ大事な点は、ここで取り上げた公害／公害教育運動の影響で、ちょうどこの頃に「地域概念の深化」（宮崎隆志）が生じていたということだ。このことについては、第3節で再度取り上げたい。

(2) 「教育の原形態は環境教育である」

　さて、「環境教育の主体は地域である」というテーゼは、もうひとつ新たなテーゼを生み出した。あるいは、もうひとつのテーゼがあるからこそ環境教育地域主体論が成立するという相互補完関係にあるのかもしれない。いずれにしろ、この両者が結びつくことで、環境教育〈学理論〉は全く新しい地平を拓くことになった。このもうひとつのテーゼとは、安藤が学校という特別な教育機

関が社会に定着するずっと以前の時代まで時間のスケールを伸ばすことで、「もし環境教育という言葉を、人間と環境との関わり合いの継承活動と捉えるならば、教育の原形態は環境教育であるということもできよう〔傍点筆者〕」と言わしめたなかにある。このことの着想を安藤は、社会教育学者の宮原誠一が1949年（初出）に発表した『社会教育の本質』（国土社）のなかから得ており、宮原の語る「教育の原形態は社会教育である」を環境教育に拡張している。その論理を見ておこう。

　社会教育は、いまでこそ一般的には社会教育法に規定された法概念として理解がなされている。この概念を社会的通念、法概念、歴史的範疇など重層的に概念規定を試みたのが宮原である。宮原は社会教育が近代的学校制度に相対する運動として、学校教育の補足として、学校教育の拡張として、学校教育以外の教育的要求としてその形態を歴史的に発展させてきたと説く一方で、歴史的範疇としての社会教育については次のように述べている。まず、人間形成における「自然生長的な形成」と「目的意識的な過程の教育」を明確に分けた上で、「社会教育という言葉をただたんに学校という特別な機関によらない教育活動という意味でもちいるならば、人類の教育は本来社会教育として人類の歴史とともにはじまった」と断定する。宮原の説では、学校教育は、社会教育が次第に組織的な方法で行われ、よりいっそう組織された方法としてこの社会教育の内部から生み出され、分離したものと認識される。

　安藤はこの宮原の説に倣い、歴史的範疇、もしくは、時代の変遷過程のなかに環境教育の生成史を見出し、図表１として整理している。

　図表１について解説しよう。まず、安藤は、「社会的分業と商品経済が十分展開せず、人々がもっぱら山野河海にはたらきかけて衣食住をまかなっていた時代／地域においては、『本来の意味における教育活動』なるものは、例えば民俗学や人類学の知見によって裏付けられるように、山野河海に働きかけるための知識や技術、あるいはそうした働きかけにかかわるモラル、さらにそれらの山野河海の全体を説明する神話やコスモロジーの伝達からなっていたと解される。」と語る。この頃の環境とのかかわり方は、各々の共同体のなかで年長者が年少者へ、または、社会の成員の誰もが環境（山野河海）とのかかわり方

図表1　人間形成から見た環境教育の生成史

	前近代・前工業化	近代化・工業化……………ポスト近代		
	第1段階 ➡	第2段階 ➡	第3段階 ➡	第4段階
	原＜環境教育＞	学校教育の成立 環境問題の発生	環境教育成立Ⅰ	環境教育成立Ⅱ
教育との関係	共同体の誰もが環境とのかかわりの伝達の担い手であった	教育的活動から環境とのかかわり方の伝達が周辺化・除外されていく	教育の見直しを求める人々・組織の形成。原＜環境教育＞の再評価が進む	学校を担う人々・組織による教育の見直し
環境との関係	**人間と環境の一体** 人間と環境との直接的なかかわり	**人間の脱環境化** 人間と環境との直接的なかかわりの切断	**人間の再環境化** 人間が環境との新たなかかわりを継承する文化の形成過程	

出典：安藤聡彦 2014「環境教育組織論覚書」高野孝子編著『地域に根ざした教育』海象社に基づき筆者作成

の伝達の担い手であったのであり、この時代の教育を「原〈環境教育〉」と措定する。そこから時代は近代化・工業化を迎え、人間形成の中心がしだいに学校へと移行する。その過程で環境との付き合い方やかかわり方といった技能や、その根っこにある環境の見方のようなものの形成は学校から除外されていく。一方、農山漁村から都市部の人口移動は賃労働者を生み出し、市場で商品を購入する消費者として生活が営まれることで環境との直接的なかかわりは切断され、人間の〈脱環境化〉が進行する。こうした人と自然とのかかわりの変化の過程で環境問題は発生する。日本では50年代、60年代の公害問題が想起されるが、安藤が「環境教育の成立Ⅰ」と呼ぶ動きは、これらの問題に直面した人々が解決に立ち向かう過程を捉えており、ここから〈人間の再環境化〉の努力が始まる。〈人間の再環境化〉の試みは、人が環境との新たなかかわりを継承する文化の形成に向けてさらに「環境教育の成立Ⅱ」と進むことになる。

(3) 人間と環境が再び結びつく場としての地域

図表1がなぜ大事かといえば、ここから新しい環境教育の地平が見出せるからである。新しい地平とは、人間と環境のかかわりの歴史的変容を踏まえることで、人間形成のあり方も含めて我々が現在、〈人間の脱環境化〉を経て、再

び人間と環境との新たなかかわりの文化を形成する方向に歩んでいるという時代認識をもたらしたことである。

　この延長で考えると、環境教育論における環境問題の位置づけもいくぶん違った姿にみえてくる。従来の理解でいけば、環境教育は、環境学関連の諸科学によって解明される環境問題への対処療法として、もしくは、予防的措置のために構想されてきた。ところが、新たな視座に立つと、環境問題（公害問題）の発生そのものが、環境教育を再び呼び覚ます契機になったという解釈が可能で、両者の関係を転倒させることになる。しかも、この場合の環境問題は、無味乾燥な科学的理解によるのではなく、生身の人間が直接感じる痛みや苦痛を伴う問題であった。これは、「ヒトと人の存在の二重性」（鹿児島環境学）という環境問題の発生の根源について、日頃はさほど自覚する機会がなくても、このバランスの崩れの根本には命の問題が横たわっていることを露呈させる。環境教育論は、これまで環境学関連の諸科学に環境問題の定義をゆだねてきたが、環境教育〈学理論〉には、人の内面や命に焦点を当てた固有の定義が求められることになる。

　また仮に〈人間の脱環境化〉という視点で我々の常識を疑ってみるならば、宮原の「学校教育は、社会教育が次第に組織的な方法で行われ、よりいっそう組織された方法としてこの社会教育の内部から生み出され、分離したもの」に続けて次のように言えないだろうか。つまり、学校教育は、人間と環境との直接的なかかわりが薄れていくなかで、地域に根ざす原〈環境教育〉の解体に加担し、〈人間の脱環境化〉を促進させる役割を担った、と。そして、学校教育の中で環境教育を行うということは、学校教育制度という〈人間の脱環境化〉を支える装置を用いて環境問題の解決が企図されてきたとみなしうるのだ。ようするに、人間と環境との直接的なかかわりを取り戻し、文化として再創造し、根づかせ、継承していくという観点に立つと、学校を中心とした「環境教育組織論」の限界が自ずと見えてくる。

　もちろんこのような解釈は、環境教育と思って実践してきた者にとっては心外であるに違いない。むしろ我々の問題は、この事実（仮説）に対して、長らく無自覚であったということだ。安藤の説を用いれば、「そもそも『教育学』

（pedagogy）とか『教育研究』（educational research）は環境問題を含む人間と環境との関係性の動態を対象化しづらい知的枠組みになっている、あるいは誤解を恐れずに言えばそもそも人間と環境との関係性を捨象した地平にモダンな『教育学』や『教育研究』は成立している」ことに疑義を抱くことなくやり過ごしてきたことになる。ただし、安藤自身も認めているとおり、原〈環境教育〉から〈人間の脱環境化〉、〈人間の再環境化〉の一連の流れは、直線的に進むものでも、相互の関係が単純なわけでもない。また特に記憶にとどめておくべきことは、公害教育運動に見られたように〈人間の再環境化〉に向けた歩みが、学校教育を担う人々（教師集団）による自らの教育の見直しに取り組むことから始まっていることである。

　ここで論じたことはさらに検証が必要だが、安藤が提起する環境教育の主体を地域に取り戻す提案について筆者は賛同する。我々は、一度断ち切れた人と環境とのかかわりを修復し、人と環境を再びつなぎ直す新たなかかわりの文化を形成することが求められている。いわば近代以降に誕生した社会の清算期に立ち会っていると言えよう。ただし、社会の全構成員の事業として取り組む新たな「環境教育組織論」は、単に昔に戻ればよいということを意味しない。学校教育も引き続き重要な役割を担うことは間違いないが、その中身や役割は変わってくるであろう。また、より本質的な問題として、科学・技術の発達によりかつてはなかった「人工」という世界が、一度断ち切った人間と環境（自然）の間に生まれた事実は看過すべきでない。「『人工・人・自然』を包み込むような『生命』」（中村桂子）は果たして創造可能なのか。大掛かりな事業を成そうにも、明らかでないことが多すぎる。環境教育〈学理論〉の構築に向けた道程は長い。その過程で避けられないのが、「地域」をいかに理解し、意味を与えていくかである。

3　環境教育〈学理論〉を構想するための「地域」概念

(1)　価値としての地域と生産・生活のリアリティ

　再度確認しておくと安藤は、地域とは人間と環境とのかかわりが取り結ばれ

る場のことであり、「人間が生きる場としての地域」と「環境が具体的な表れをする場としての地域」というふたつの要素を挙げていた。ただ、本人はこれ以上のことを語っておらず、より仔細に地域を捉えられる分析枠をもたなければ、人間と環境との動態変化を捉えることも、人間と環境との新しいかかわりの文化の形成を描いていくことも難しい。一方、安藤の関心に近い位置で地域概念と教育概念の関係を正面から論じているが社会教育学者の宮崎隆志である。そこで、宮崎の議論を手掛かりにして環境教育〈学理論〉として探究したい「地域」概念について考察していく。

　まず宮崎は、近代教育において地域は、必須の構成要素では必ずしもなかったと断った上で、1950年代から70年代にかけて東北を中心に展開した民間教育研究運動（北方性教育運動の流れを汲む教育実践で主に山形県を事例に取り上げている）のなかに地域概念と教育概念が出会い有機的な関連を見出していく過程があったとみて、丁寧に論じている。[19] 前節で取り上げた公害教育運動では、上原専禄が1963年に提起した「価値概念」の思想が底流にあると指摘したが、宮崎もまた上原の問題提起が、当時の民間教育運動家たちの間で教育と地域との関連を意識するきっかけを与えたと指摘している。

　上原は、地域の理解をめぐり「価値概念」としての地域のほかに、「認識方法的概念」というふたつの意味を提出している。[20] 前者が、中央の権力による地域支配（地方化政策）への抵抗を意味するとすれば、後者は、日本というものの全体認識をするために地域の把握が必要だという主張である。これら上原の真意を汲んで宮崎[21]は、「上原は地域を民族の生活・仕事が具体的に営まれ展開される場として定義し、そのような地域が地方として抽象化されることに現れる権力性を指摘した」と総括する。また、もう一人、宮原誠一が地域概念の深化に影響を与えたと宮崎は指摘する。彼は、宮原が三島沼津の石油コンビナート反対闘争の経験を反映して、地域概念の構成要素として「地域を作りだしていくというときは、地域の自然を大切にしなければならない」と論じている点に注目する。このことにより地域の理解は、中央権力への抵抗や批判としての側面に加えて、「自然の再生産過程に埋め込まれた生産・生活のリアリティに支えられ」た内容へと深化を見ることになった。

(2) 地域の矛盾と教師自身の矛盾

ところで、地域概念と教育概念の関係を見ようとするとなぜ60年代前後に話がさかのぼるのか。この背景には、やはりこの頃に〈人間の脱環境化〉(安藤)が急速に進み、あるいは、宮崎の言葉を用いて言えば、「自然と人間と社会を切り離したうえで権力的に統合しようとする開発主義」[22]が日本列島を覆い尽くしていたからであろう。それに抗する先鋭的な現れが、公害／公害教育運動であったし、より大きなくくりでは宮崎の着目する民間教育運動であったとみてよい。もう少し具体的な話をすれば、今でこそ開発一辺倒を修正して国土形成計画法 (2005) に改名されているが、1950年に制定された国土総合開発法に基づき、5回にわたる全国総合開発計画が策定された。これらのなかでも特に第1次と第2次の計画では、先に記した三島沼津の石油コンビナート反対闘争など全国各地に大型開発への抵抗運動を巻き起こした。と同時に、山形県教員組合を中心とする教師たちやその土地に生きた農民たちが向き合ったように、一方で農村の疲弊(農村の切り捨て)を生み出した。

宮崎は、この頃に拡がった教育実践の本質を捉える上で「子どもや父母の生活や地域社会の矛盾とその解決」(傍点筆者)という表現を繰り返し用いている[23]。ここでいう矛盾とは、わかりやすい例では、豊かさを求めて(あるいは、農政策を受け入れて)農民たちが土地改良や大型の農機具を導入することで反って借金を抱え込むという話のことであり、教育実践の主眼は農民自身の生活現実の認識のあり方にあった。つまり、「生活認識の思想」(意識のありかたを規定する枠組みであり、自然観・人間観・社会観からなる世界観(宮崎))を構築するための学習内容や方法が探究されていたのだ。この試みは、父母ばかりではなく子どもたちの生活現実にも言えることだった。

特に筆者が注目するのは、当時の教師たちが、子どもたちが置かれている生活基盤(生産・生活のあり方)の違いが、日常的認識に差異を生み出し、学校で教える労働観・社会観・世界観が、農村や都市の生産・労働の現実と食い違いが生じていることに意識的だったということだ。なぜならば、子どもたちの生活世界の現実と学校で教える内容の齟齬という乖離のなかに人間と環境の動態変化を見出せるのではないかと考えるからだ。しかも、「生活を対象化し創造

する学習の援助者たる教員は、同時に子どもを生活現実から切り離し管理・統制する機構に属」[24]するという教師自らの矛盾も自覚していた。これらのことは、学校教育が、地域に根ざす原〈環境教育〉の解体に加担し、〈人間の脱環境化〉を促進させる役割であったことを想起させる。そしてより大事なことは、地域の地方化に抵抗し、子どもの生活現実に向き合った教師たちが、この変化を感知することができたということだ。

(3) 生活の創造空間としての「風土」へ

前述の民間教育研究運動に深くかかわり、「地域」概念を独自に進化させた者に真壁仁がいる。真壁は、「地方」に対して「地域」という言葉をおき、地域を正しく認識するということ自体が「教育」であり、地域とは「内容」であると言い切っている[25]。地域は、真壁にとって中央の行政権力の支配や中央意識から独立した住民主体の集団と社会空間であり、固有の歴史と固有の文化を持つ価値概念として理解されている。また、地域の真価は、そこに伝えられるすぐれた文化や自然をまもりうけつぎ、さらに新しい価値をつくり出してゆくこと、つまり地域を内側から変えていけることにあると述べている[26]。そして地域の真価を発揮する創造空間として真壁は新たに「風土」[27]概念を持ち出す。

真壁によれば風土というのは、自然そのものではないが、現象としての自然が、人間の精神的、物質的生活および生産活動と切り結んだ生活空間であるという。また、風土は「自然が規定した生活景であるけれども、人間がひらき、変え、つくり出した自然景でもあ」り、「郷里、郷土、地域という概念とくらべれば、もっと客観的で法則的である」と説明し、風土と自然・生活・地域といった概念との位置関係を示す。その上で風土が歴史的な空間であり、文化の概念であると述べている。真壁は、別の機会に自然と文化は対立や矛盾するものではなく、「カルチャーとしての文化は、実は自然の中に原点があり、原理があると思われる」[28]と語っており、「風土」概念には、時間をかけて積み上げられた文化の作り手である人と自然の望ましい関係が内包されていると理解することが可能だろう。このことは、真壁が非情な資本の論理は風土という概念を無視するとなじっていることからも明らかである。

やや理念的な真壁の風土論に対して、ほぼ同時代に地理学と民俗学を架橋する立場から「風土」概念を構造的に規定したのは千葉德爾であった。彼の風土論の特徴は、「外的環境」が、自然環境（気候、土壌、水理など）と人文・社会環境によって構成されるとすれば、同時に「内的環境」にも注目し、風土概念の構成要素に加えた点にある[29]。内的環境とは、住民の身心そのもののことで、主体となる人間集団自身の持つ生理的・心理的条件を意味し、個人のパーソナリティや価値観などを含む[30]。彼がこのような風土論にたどり着いた理由は、自然条件に適しているだけではある生産活動が営まれる理由の説明がつかず、社会や文化の形成には、そこに住んでいる住民の意志ないし主体性を抜きに考えられないことを悟ったからである。しかも彼は、「住民には長い歴史でつちかわれた能力と、前の世代の人々によって与えられた教育や資本、文化の蓄積をそれぞれの地域によって所有されてい」ると指摘し、それらをもとに「より有利である」と総合的に判断した方向に社会は進むと説明している[31]。

真壁と千葉の「風土」概念は、いずれも複雑な要素が絡み合っているが、捉えどころは地域よりもはっきりしている。理解を困難にする面があるとすればそれは、今この瞬間に五感で触れられる自然環境としての気候、土地、水理、生物のほかに、目に見えない心身そのものの持つ条件（内的環境）と、何千年、もしくは、何億年もの間連綿と続いてきた自然史、文化史、人間形成史といった時の流れまでも対象範囲に収め、それらの相互関連を捉えようとするからであろう。ただし、両氏とも住民の生活空間、ないし、生活様式に焦点が絞られている点では明快であり、そこに暮らす住民の手によって変容し続けるものであることも共通にする。ここで「風土」として規定された内容は、筆者がこだわってきた水俣（吉本）地元学とも近似しており、環境教育〈学理論〉を構想する出発点にこのような輪郭をもつ概念を「地域」として理解しておきたい[32]。

4　環境教育学とは何か

最後に筆者の考える環境教育学についてまとめておく。

筆者は本論のなかで、環境教育論がこれまで環境学関連の諸科学に環境問題

の定義をゆだねてきたが、環境教育〈学理論〉には、人の内面や命に焦点を当てた固有の定義が求められるのではないかと指摘した（第2節第3項）。この指摘は、環境教育が「環境問題を解く」ことを自明視する言説を多く見かけるものの、果たしてそれは「教育」で解決する問題なのだろうかという疑問と同時に、そもそもそれで環境問題は解けるのだろうかという、根本的な疑念を抱いているからだ。環境教育〈学理論〉の範疇に置く基本問題（第1節第2項）で扱った環境教育論としての3つの課題は、いずれも環境問題が、外部にある環境の破壊にとどまらず、私たち自身の内にあった自然に対する感性、すなわち、深く人間の内面に根ざす問題ではないのかという問題意識から発せられたものである。つまり、環境問題とは、実は私たち一人ひとりが内に抱えている問題なのではないかと投げかけたかったのだ。そして、もしそうであるならば、内なる自然の破壊に麻痺した私たちの感性や感覚といった縛りをいかに解放することができるのか。それは、私たちが埋没してしまっている日常という生活現実のなかからしか恐らく解き放つことはできない。かつて「生身の人間が直接感じる痛みや苦痛を伴う問題」として立ち上がった公害教育のように、生きるというリアリティのなかに問題を見出す必要がある。

　本論は、環境教育〈学理論〉を構想するための「地域」概念を求めて検討を行ってきたが、ここで明らかにしたかったことは、学習の主体、もしくは、環境の主体は、この「地域」のなかに存在するのだということだ。そして、最後に明らかにした「風土」に規定された内容（「地域」概念の輪郭）は、学習主体（環境主体）に本来はつながっているはずの世界のことを指す。真壁は、地域を正しく認識するということ自体が「教育」であり、地域とは「内容」であると語り、当時の教育実践には、自らの生活現実を認識する「生活認識の思想」を構築するための学習内容や方法が探究されていた。この過程のなかにこそ、外部に拡がる世界との自分とのつながりを発見し、身体を通し外部の世界を取り込み、感性や感覚が磨かれながら内面に沈着していったのではなかったか。

　ただし、科学・技術の発達は、かつてはなかった「人工」という世界を作りだし、一部の人を除き、その忍び寄る世界にほとんど無自覚のまま人と自然の関係を切り離していった。生物としてのヒトという側面を持つ人間は今、生命

をつなぐために絶対不可欠な自然とのかかわりが、意図的な働きかけがなければ気づけない世界に生きるようになっている。私たちの内なる自然の破壊が進行している。これが、私たちの生きる生活現実の姿である。この覆われたベールを剥ぐために、筆者は環境＋教育学を志向したいと考えている。

中村は、生命の意味を自分のなかにもっていさえすれば、人と自然と人工をつなげられるのではないか（筆者の解釈では、人と環境を再びつなぎ直す新たなかかわりの文化の形成）と述べている[34]。では、「生命の意味を自分のなかにもつ」とはどういうことか。それはいかに獲得可能なのか。このような時代において生命に根ざす人の成長（個の内発性）に加え、生命に根ざす地域の形成（地域の内発性）はいかに可能か[35]。環境教育は、近代の鬼子であり、人の群れが「生命」をつなぐという営みに根源的な問いを定め、探究し続ける先に環境教育学の構築が展望できるのではないかと考える。

【注】
1） 岩田好宏 2013『環境教育とは何か──良質な環境を求めて』緑風出版、11-13頁。
2） 安藤聡彦 1998「自然観察から環境計画へ──大森亭の教育実践をめぐる考察」藤岡貞彦編『〈環境と開発〉の教育学』同時代社、324-347頁。
3） 小野寺浩・西村明 2009「鹿児島環境学とは何か」鹿児島大学鹿児島環境学研究会編『鹿児島環境学Ⅰ』南方新社、13-33頁。
4） 2009「環境学宣言」鹿児島大学鹿児島環境学研究会編『鹿児島環境学Ⅰ』南方新社、3頁。
5） 小栗有子 2013「鹿児島環境学と環境教育」鹿児島大学鹿児島環境学研究会編『鹿児島環境学特別編──地域を照らす交響学』南方新社、42-50頁。
6） 鈴木善次 2014『環境教育学原論──科学文明を問い直す』東京大学出版会。
7） 高野孝子編著 2014『地域に根ざした教育』海象社。
8） 安藤聡彦 2014「環境教育組織論覚書」高野孝子編著『地域に根ざした教育』海象社、25-32頁。
9） 安藤聡彦 2015「公害教育を問うことの意味」環境教育25（1）、7頁。
10） 安藤・前掲論文（注8）28-29頁。
11） 安藤・前掲論文（注8）25-32頁。
12） 宮原誠一 1977「社会教育の歴史的理解」『宮原誠一教育論集〈第2巻〉社会教育論』国土社、15頁。
13） 宮原誠一 1976『宮原誠一教育論集〈第1巻〉教育と社会』国土社、7-15頁、宮原・前掲論文（注12）11-14頁。

14) 安藤・前掲論文（注8）27-28頁。
15) 安藤聡彦 2012「報告Ⅲ社会教育研究と開発・環境問題及びESDとの関係」日本社会教育学会誌紀要、87-88頁。
16) 安藤・前掲論文（注8）27-29頁。
17) 安藤・前掲論文（注15）87頁。
18) 中村桂子 1998『自己創出する生命──普遍と個の物語』哲学書房、212-214頁。
19) 宮崎隆志 2015「地域教育運動における地域学習論の構築──北方性教育運動の展開に即して」佐藤一子編著『地域学習の創造』東京大学出版、27-49頁。
20) 上原専禄 1974「地域とはなにか」『国民教育臨時増刊号』国民教育研究7、40-41頁。
21) 宮崎による上原と宮原の地域概念の解釈はすべて宮崎・前掲論文（注19）37-41頁より。
22) 宮崎・前掲論文（注19）41頁。
23) 宮崎・前掲論文（注19）33-43頁。
24) 宮崎・前掲論文（注19）30頁。
25) 真壁仁 1976『野の教育論（上巻）』民衆社、62-66頁。
26) 真壁仁 1977『野の教育論（下巻）』民衆社、170-171頁。
27) 真壁の風土論は次より引用。真壁・前掲書（注26）173-176頁。
28) 真壁・前掲書（注25）194頁。
29) 千葉徳爾 1988『民俗学と風土論』東京堂出版、5-21、23-31頁。
30) 千葉・前掲書（注29）8-9、13-16、350-354頁。
31) 千葉徳爾 1970『地域と伝承』大明堂、10-11頁。
32) 小栗有子 2008「持続可能な地域社会を創造する学びとローカルな知──水俣地元学の成立と発展の意味を問う」日本社会教育学会編『日本の社会教育第52集〈ローカルな知〉の可能性』東洋館出版社、65-78頁、小栗有子 2012「『当事者主権』としての地元学序論──吉本地元学の深化の意味を求めて」鹿児島大学生涯学習教育研究センター年報9号、8-18頁など。
33) 中村は、内なる自然について、身体（物質）、心、時の3つがあると指摘する。中村桂子・鶴見和子 2002『40億年の私の「生命」──生命誌と内発的発展論』藤原書店、180-187頁。
34) 中村・鶴見・前掲著（注33）202-203頁。
35) 内発性については、中村・鶴見・前掲著（注33）や川勝平太・鶴見和子 2008『「内発的発展」とは何か──新しい学問に向けて』藤原書店に詳しい。

第12章　自己変容と社会変容の学びの連関
──協働ガバナンスと社会的学習の相互連関に向けて

佐藤　真久

1　グローバル化時代の環境教育

(1) 環境問題と貧困・社会的排除問題の同時的解決

　本章では、「自己変容と社会変容の学びの連関──協働ガバナンスと社会的学習の相互連関に向けて」と題して、グローカルな視点から環境教育学を構想することとしたい。まず、グローバル化時代における環境教育の特徴を整理しつつ、「国連・持続可能な開発のための教育の10年」（DESD）において指摘されている「新しい学習の柱」、「ESDの学習の特徴」、「ESDレンズ（見方・志向性）」を紹介し、その後、これからの環境教育の充実において配慮すべき視点として、①多義性と能力結合に基づく「統合的な行動アプローチ」、②地域における協働を通した「協働ガバナンス」と「社会的学習」の相互連関に関する考察を踏まえ、最後に持続可能で包容的な地域づくり、について述べることとしたい。

　地球レベルで考えられなければならない問題はこれまで「地球的問題群」と呼ばれてきており、グローバル化時代の代表例は、地球レベルの「環境問題」（自然─人間関係）と、人権・貧困問題が深くからみ合った「貧困・社会的排除問題」（人間─人間関係）である。両者は、危険社会化と格差社会化、富の過剰と貧困の蓄積の相互規定的対立を深刻化させてきたグローバリゼーションの結果である。いずれも、各国にとどまらず「世界システム」のあり方、特に発展途上国と先進国との深刻な矛盾・対立を伴うもので、今日の地球的な「双子の基本問題」として、21世紀に解決を迫られている課題である。DESD国際実施

計画において「国連人間環境会議以降10年間で気づいたことは、多数の人々を苦しめている貧困などの開発問題から離れて環境問題を論じても、環境や人間のためにはならないということだ[2]」と述べているように、環境問題と貧困・社会的排除問題は別の問題ではなく、同時に取り組むことが求められている。

(2)「持続可能な発展」の概念とその影響

両問題解決への全体的な方向は、「持続可能な発展 (Sustainable Development)」に集約されてきた。この概念を国連で最初に提起したブルントラント委員会報告書 (『我々の共通の未来』1987年) では、環境問題に対応する「世代間の公正」と「種間の公正」、貧困・社会的排除問題に対応する「世代内の公正」という視点からの「公正」を実現するような発展が提起された。両者を統一するような「持続可能な発展」を世界の各地で具体化することが求められたと言える。「持続可能な発展」の概念は、環境教育と開発教育にも大きな影響を及ぼしている。自然と自然科学に基づく従来の環境教育は、その後、人口問題や開発問題との関連のなかで捉えられるようになり、1992年の環境・人口・開発に関する教育的取組 (EPD) の創出や、のちの1990年後半に見られる「持続可能な開発のための教育」(ESD) などの持続可能性と教育に関する議論に影響をもたらしている。1997年の「環境と社会に関する国際会議」における宣言 (テサロニキ宣言) では、環境教育を「環境と持続可能性のための教育」と表現しても構わないとしているが、その内実は、開発、民主主義、人権、平和、文化的多様性を含むものとなっており、その後の環境教育 (広義の環境教育として) の実践において幅広い枠を提示するものであった。また、1990年代後半の「持続可能な発展」に関する一連の国際会議を通して、発展途上国と先進国の問題、開発問題と他の諸問題 (環境、人口、女性、人権、社会開発、平和など) の間に深い関連性があることが明らかになってきた。こうした理解を深めた開発教育論においては、山西らも指摘するように、地域の問題を社会構造と結びつけて捉え、新しい社会のあり様を地域から発想するという視点の重要性が指摘されている[3]。

(3) グローカルな実践論としての内発的発展論

鈴木・佐藤は、グローカルな実践論として内発的発展論に注目し、日本ではその独自の拡充がなされているとしている[4]。そして、その特徴は、①地域の技術、産業、文化を土台とし、②住民が自ら学習し計画するもので、③地域産業連関を重視し、④環境・生態系の保全をなし、⑤住民の主体的参加による自治、自律的意志決定が見られるというように整理されている[5]。また、日本における内発的発展論の主唱者・宮本憲一は、環境の維持可能な範囲での経済・社会のあり方として「維持可能な社会」を提起した[6]。それは、①平和を維持する、特に核戦争を防止する、②環境と資源を保全・再生し、地球を、人間を含む多様な生態系の環境として維持・改善する、③絶対的貧困を克服して、社会経済的な不公正を除去する、④民主主義を国際・国内的に確立する、⑤基本的人権と思想・表現の自由を達成し、多様な文化の共生を進める、という5つの課題を総合的に実現する社会である。宮本はさらに、「維持可能な社会」の実現のためには、地域と地球の総合的発展を進める「内発的発展」と、環境保全のための「計画原理」が不可欠であると主張している[7]。

2 持続可能な開発のための教育（ESD）

(1)「新しい学習の柱」——自己変容と社会変容の学びの連関

グローバル化時代の環境教育論議は、2005年に開始したDESDに大きな影響を及ぼしている。とりわけ、DESD前半期における概念的・方法論的議論を踏まえ、DESD後半期では政策的取組の充実に向けた議論（政策評価に向けた指標やチェックリストなど）、「新しい学習の柱」の提示、事例に基づくESD概念の整理、多様な評価目的に対応したレビューツールの開発、「ESDレンズ（見方・志向性）」の提示、実践における質基準の議論が深められた。本章では、DESD後半期における主要文献での指摘事項に基づき、「環境教育学とは何か」の考察に向けた視座を提供することとしたい[8]。

2009年のDESD中間年会合で発表された「ボン宣言」では「21世紀のESD」が提示され、DESD国際実施計画に比べて、より実践色の強い文書と

なっている。本中間年会合では、周知の「学習の四本柱」(Learning to be, to know, to do and to live together) に加え、"Learning to transform oneself and society"（自己変容と社会変容の学びの連関）を「新しい学習の柱」として位置づけている。この「新しい学習の柱」は、DESDにおける中頃から広まってきた用語であるが、DESD開始当初から用語そのものがあったわけではない。「ESDは動的である"ESD itself is on the move"」との指摘通り、世界で直面する課題・状況に応じてESD概念にも進展が見られていると言えよう。永田は、本用語の訳として「自らを変容させ、社会を変容させる学び」であるとしているが、筆者は、「自己変容と社会変容の学びの連関」と訳したい。その理由は、自己変容のための学びが社会変容のための学びに影響をもたらすだけでなく、その逆もまたありうるからである。本章で取り扱う、地域における「協働」は、まさに、「自己変容と社会変容の学び」の二面性とその連関性を有しており、その相互連関こそが重要な意味を持つ。

(2) ESDの学習の特徴

DESD中間年会合を受けUNESCOは、DESDの進捗評価に向けて進捗報告書「文脈と構造」(2009年) を発表した。本進捗報告書では、2009年末までのESDに関する現状、課題、取組、評価、展望を地域別、教育領域別に総括を行っている。また、ESDの政策実施に向けた配慮事項、DESD後半期における作業課題も書かれており、政策的側面の強い文書となっている。そして、ESDはまだ発展途上であることが強調されつつ、①複雑性の理解、②関係性と相互依存性に目を向けること、③民主的な意思決定プロセスへの参加、④根本的に持続不可能に見えるような慣習や当然視されている支配的なシステムを問題視すること、のような能力の習得が期待された。専門家レビュー文書「プロセスと学習」(2011年) においては、①協働と対話、②全体システム、③教授と学習、カリキュラム改革、④行動的・参加型学習、の4点が実践のプロセスに見られる共通事項であると指摘された。続くDESD進捗報告書「明日の教育を形作る」(2012年) では、「参加型・協働型の学習」や「問題に基づく学習」、「教科の枠を超えた学習」などをESDの学習の特徴として回答者が高く

位置づけているとの調査報告がなされている[12]。これは、ユネスコ加盟国の ESD 関係者102ヶ国、213名からの回答である。本章で取り扱う、地域における「協働」も、ESD の学習の特徴を強く反映したものとして、位置づけることができよう。

(3) ESD レンズ（見方・志向性）

DESD 進捗報告書「明日の教育を形作る」（2012年）では、前述した ESD の学習の特徴について実施された国際調査の報告だけでなく、ESD の根本要素と4つのレンズ、ポスト DESD における提言を含んでおり、今後のグローバルな政策的枠組の在り方についての方向性を提示している。本進捗報告書では、根本要素として「ESD は、世界中の市民に対して、環境、自然遺産、文化、社会及び経済に関わる問題に起因する様々な複雑性、論争及び不平等に対処できることを求めるもの」、「未来のため、全地域の万人のものである。それは、質の高い教育とグリーン社会及び経済への確実な移行をもたらすための欠かせない材料」であるとし、ESD の質を向上させる4つのレンズ（見方・志向性）として、①統合的レンズ（Integrative Lens）、②文脈的レンズ（Contextual Lens）、③批判的レンズ（Critical Lens）、④変容的レンズ（Transformative Lens）を提示している。日本の ESD の特徴として「つなぐ」と「地域」という言葉が多く使用されているが、上述する ESD レンズに基づけば、①統合的レンズと、②文脈的レンズに注目していることが読み取れよう。このように、「ESD レンズ」という言葉を使用する背景には、様々な取組を多角的に捉え直すこと、個々の取組に内在する ESD 的側面を意味づけ、その価値を顕在化することが重要であることが読み取れる。

3 多義性と能力結合に基づく「統合的な行動アプローチ」

(1) 多義性を有する「統合的な行動アプローチ」

上述した、グローバル化時代の環境教育論議と、DESD の取組を踏まえ、これからの環境教育の充実において、多義性と能力結合に基づく「統合的な行動

図表1　環境教育の歴史的進展

出典：D. Tilbury, V. Coleman and D. Garlick, 2005, *A National Review of Environmental Education and its Contribution to Sustainability in Australia: School Education.* Canberra: Australian Government Department of the Environment and Heritage and Australian Research Institute in Education for Sustainability (ARIES).

アプローチ」に配慮すべきであると筆者は考える。

　Tilburyらは、国際的なレビューを通して、1990年代以降の環境教育概念には「行動に基づくアプローチ」に特徴があるとし、実社会における、①教育的側面（学びと反省）、②社会的側面（協同・協議的行動）、③政治的側面（意思決定）を連関させた多義性を有する「統合的な行動アプローチ」の重要性を指摘しつつ、様々な実践（交渉、説得、ライフスタイルの選択、政治的関与等）による社会への関与を強調している[13]（図表1）。環境教育で近年重視されつつある「行動に基づくアプローチ」は、決して教育的側面における意義だけを有しているのではなく、その社会的側面、政治的側面における意義も有していると言えよう。

(2) 能力結合に基づく「統合的な行動アプローチ」

　一方、Nussbaumは、能力（ケイパビリティ）を、①基礎的ケイパビリティ（個人の生来の資質）、②内的ケイパビリティ（個人が必要な機能を実践するための十分条件）、③結合的ケイパビリティ（内的ケイパビリティがその機能を発揮するための適切な外部条件が成熟している状態）と区分し、人間の中心的ケイパビリティが「結合的ケイパビリティ（Combined Capabilities）」として社会的に整備されるこ

とにより、機能実現の内的・外的条件が整うと指摘している[14]。Nussbaum の指摘に基づくと、環境教育の充実においても、個人能力を向上させること（内的条件の整備）だけが重要なのだけではなく、その個人能力が集団や組織、社会において活かせる・活かされる状況（外的条件の整備）と連関（結合的ケイパビリティ）してこそ、個人能力の発揮を可能にすることを意味している。つまり、「統合的な行動アプローチ」は、個人と集団、社会システムの連関によるものであり、従来の個人能力だけではない、多様な能力の結合（結合的ケイパビリティ）を意味していると言えよう。

4 地域協働を通した「協働ガバナンス」と「社会的学習」の相互連関

(1) 「協働」の意義

さらに、これからの環境教育の充実において、地域における協働を通した「協働ガバナンス」と「社会的学習」の相互連関に配慮すべきであると筆者は考える。宮本は前述のとおり、「維持可能な社会」の実現のためには、地域と地球の総合的発展を進める「内発的発展」と、環境保全のための「計画原理」が不可欠であると主張している。総合的発展を進める「内発的発展」には、個人・集団による主体的な学習活動（自己教育活動）とそれを援助・組織化する教育活動が重要であり、また環境保全のための「計画原理」には、「協働ガバナンス」が重要であると考える。本節では、地域における「協働」の意義や特性、地域における「協働」を構造づける「協働ガバナンス」、地域における「学習」を構造づける「社会的学習」について述べ、その相互連関の重要性について述べることとしたい。

「協働」の定義は複数存在する。たとえば、2012年10月に完全施行された「環境保全のための意欲の増進及び環境教育の推進に関する法律の一部を改正する法律」（環境教育等による環境保全の取組の促進に関する法律：環境教育等促進法）の法律要綱では、（環境保全にかかる）協働取組を次のように定義している。「『協働取組』とは、国民、民間団体等、国又は地方公共団体がそれぞれ適切に役割を分担しつつ対等の立場において相互に協力して行う環境保全活動、環境

保全の意欲の増進、環境教育その他の環境の保全に関する取組[15]」である。他方、多様なアクター間の「協働」に関する研究では、「異質なアクターが、共通の目標のために、対等かつ相互に自立した形で協力すること」、またそのような関係を構築するために「相互の理解や信頼関係を醸成すること」などの定義が一般的であると言えよう[16]。これらの共通要素を抽出すれば、「協働」とは「異質なアクター」が「共通の目標」に向け、「相互理解や信頼関係」に基づき「対等」かつ「相互に自立して」協力する活動、と定義できよう。このように「協働」は、多様な主体の役割・能力・機能を活かし合う「統合的な行動アプローチ」として、集団的で、組織性・市民性の高い取組であることがうかがえる。

(2) 地域における「協働」を構造づける「協働ガバナンス」

前述した日本独自のグローカルな実践論の特徴（清水ほか 2008）[17]である［①地域の技術・産業・文化を土台］、［③地域産業連関の重視］、［④環境・生態系の保全］は、地域特性を活かした環境保全のための「計画原理」として位置づけることができ、その計画を遂行する際には、「協働」を構造づける「協働ガバナンス」が必要だと筆者は考える。

佐藤・島岡は、①協働にかかる137の事例研究文献を収集し、事例に共通する変数を抽出し、Ansell and Gash の変数間の関係を分析した協働ガバナンス・モデル[18]と、② Havelock and Zlotolow の指摘するチェンジ・エージェント機能[19]（変革促進、プロセス支援、資源連結、問題解決提示）を結合させた協働ガバナンスのモデル（図表2）[20]を構築した。このモデルは、地域づくりにおいて、「協働」を構造づける「協働ガバナンス」が重要であるとし、その機能として、［開始時の状況］、［運営制度の設計］、［協働のプロセス］、［チェンジ・エージェント機能］があるとしている。さらに、筆者は、日本国内における環境保全に向けた協働取組事業の運営とその事例研究を通して、対象とする協働取組には全体を機能させる「協働ガバナンス」が見られ、その「協働ガバナンス」における「協働のプロセス」をスパイラル状に実施・展開している事例には、「社会的学習」が内在している点を強調している[21]。

第12章　自己変容と社会変容の学びの連関

図表2　協働ガバナンス・モデルと内在する「社会的学習」

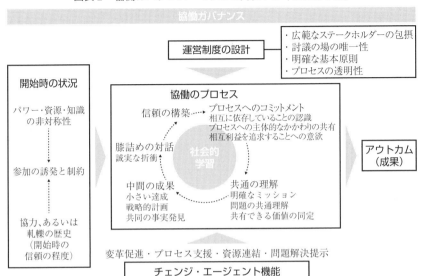

出典：佐藤真久・島岡未来子 2014「協働における中間支援機能モデル構築にむけた理論的考察」日本環境教育学会関東支部年報8

(3) 地域における「学習」を構造づける「社会的学習」

さらに、日本独自のグローカルな実践論の特徴（清水ほか 2008）[22]である［②住民が自ら学習し計画］や［⑤住民の主体的参加による自治、自律的意志決定］は、個人・集団による主体的な学習活動（自己教育活動）とそれを援助・組織化する教育活動として位置づけることができ、地域における「学習」を構造づけるには「社会的学習」が重要であると筆者は考える。鈴木は、内発的な「発展（development）」では地域住民の人間的な「発達（development）」が重要であるとし、そのために不可欠な学習活動を援助・組織化する地域社会教育活動として「地域社会発展教育あるいは地域づくり教育（community development education）」が問われ、それは21世紀の環境教育・ESDにおいても重要な意味を持つようになってきたと指摘し、持続可能な内発的発展に必要な学習と教育の論理を求めている[23]。

一方、Didhamらは、社会的学習理論の開発と歴史において3学派があるこ

とを指摘し、近年の「生態学的・持続可能性社会的学習」(Ecological/Sustainability Social Learning)には、ESD が主張する「変容を促す学習」(Transformative Learning)の側面が強い点を指摘している。「生態学的・持続可能性社会的学習」は、およそ10年前に誕生し、生態学的問題、天然資源管理、持続可能な開発の理論を適用したことで知られる。「生態学的・持続可能性社会的学習」は、「新しい、予想外の、不確実かつ予測不可能な状況で活動するグループ、共同体、ネットワーク、社会システムで発生する学習は、予想外の状況における問題解決に向けられ、このグループまたは共同体において有効な問題解決能力の最適利用によって特徴付けられる」と定義される。

この新しいアプローチは、天然資源管理、参加型農村調査(PRA)、集団的な問題解決のアプローチにおける、共同体への参加に関する初期の研究から生まれた。この学派は、新しい持続可能な生活の方向性について、いかにして人々が集団的に考え、協議し、構想するかを検討している。換言すれば、生態学及び教育に基づく、社会として(as)、社会変革のため(for)の「持続可能性学習」(Sustainability Learning)である。さらに、「生態学的・持続可能性社会的学習」の取組は、ガバナンス構造と自然環境という文脈に「社会的学習」のプロセスを組み込んでいる。天然資源管理は、高い不確実性と限られた予測性という複雑な問題に直面しており、それゆえ適切かつ効果的な資源管理を確保する上で人間的側面が重要な役割を果たす。したがって、これらの問題、課題に関する集団的な意思決定に多様なステークホルダーを参画させる「協働ガバナンス」とそのプロセス(協働プロセス)は、問題解決と適応管理に関する人間の可能性を生かす上で重要となると言えよう。

Pahl-Wostl and Hare は、「このことは、問題解決に対するコミュニケーション、観点の共有、適応するグループ戦略の開発に関する疑問の優先度が高い場合、管理はひとつの問題に対する最適解の探索でなく、進行中の学習と交渉のプロセスを意味することを示している」とし、「協働ガバナンス」における「社会的学習」の役割を強調している。このように、「生態学的・持続可能性社会的学習」は、「協働ガバナンス」における「協働プロセス」をスパイラル状に実施・展開をしていくことを可能にさせるだけでなく、地域における不確実

性・予測不可能性に対応した探求プロセスをスパイラル状に実施・展開していくことを可能にさせるものと位置づけられよう。

5　環境教育学とは何か

　鈴木・佐藤は、DESDにおける「新しい学習の柱：自己変容と社会変容の学びの連関」を通して、「ともに世界を創る学びを展開」する点が重要であり、「持続可能で包容的な地域づくり教育（ESIC）」の充実を強調している[27]。この「新しい学習の柱」は、鈴木・佐藤の指摘する、環境問題と貧困・社会的排除問題というグローバル化時代の「双子の基本問題」の同時的解決に向けた学び（社会変容の学び）と、自己教育過程を重視した主体形成に向けた取組（自己変容の学び）をつなぎ合わせるもの（自己変容と社会変容の学び連関）として位置づけることができよう。

　さらに、鈴木は、「持続可能で包容的な地域づくり」には、①学習ネットワークづくり、②地域をつくる学びの構築、③地域の生涯教育計画、の3つの段階があるとし、「単なる参加型学習ではなく、自然再生や持続可能な地域づくりの実践に主体的に参画することを通して獲得される〔現代の理性形成〕の学習実践である」としている。鈴木の指摘からも、地域における「協働」と、内在する「協働ガバナンス」や「社会的学習」との接点を見ることができよう[28]。

　そして、地域における「協働」を通した「協働ガバナンス」と「社会的学習」の相互連関は、環境問題と貧困・社会的排除問題の同時的解決にも貢献しつつ、地域における「協働」と「学習」を構造化し、地域づくりにおける個人・組織・市民としての主体形成をも可能にするという、課題解決と自己・組織・市民自身の主体形成の連関をも可能にさせていると言えよう。

　持続可能で包容的な地域づくりにおいて、環境的側面を軸とし、「協働」と「学習」の連関に向けた取組として、ニュージーランドの事例が挙げられる。持続可能なニュージーランド委員会（SANZ：Sustainable Aotearoa New Zealand）は、「ニュージーランドにおける強い持続可能性（Strong Sustainability for New Zealand）」を発表し、人類存続において、自然環境的・生態学的側面を重視し

た国家戦略を提示している[29]。とりわけ本戦略では、マオリ文化の有する「自然との調和」の世界観を尊重しており、当該国の「持続可能性教育（EfS）」を豊かで独創的なものにし、近年の「強い持続可能性」の基盤として位置づけている。これら一連の政策文書では、持続可能性を環境的、社会的、経済的側面を3つの集合のベン図モデル（Triple Bottom Line Model）として捉えるのではなく、社会圏、経済圏が生物圏の部分集合として順に内包されるモデルが適切であると指摘している。そして、これらの政策転換の背景には、「生態学的保全」と「関係の全体性」に配慮をしたパラダイム転換があると述べている（図表3）。さらに、「強い持続可能性」の達成には、地域の生態系を中心に捉えつつ、人間の関係性に配慮をし、共に行動をする人を支え、賞賛し、社会的行動におけるフィードバックの仕組みをつくることが必要であるとしている。ニュージーランドの事例からも、地域における「協働」を通した「協働ガバナンス」（〔協働〕の構造化）と「社会的学習」（〔学習〕の構造化）の相互連関を読み取ることができる。

図表3　「強い持続可能性」（Strong Sustainability）の構築に向けたパラダイム転換図

関係性	←←関係の欠如			分岐点（THRESHOLD）	関係の全体性→→	
人類インパクト	←破壊大→	←破壊中→	←破壊小→		←回復的→	←代替的→
パラダイム	←現代社会→				←新→	
段階	【持続不可能性】	【脆弱な持続可能性】			【強い持続可能性】	
特徴	・最優先課題としての経済成長 ・一方向性（成長・計画・思考）	・影響の削減（reduce, reuse, recycle） ・環境・経済・社会のバランス（triple bottom line）、環境負荷ベース（footprint base）、緩和（mitigate）、適応（adapt）、対応（react）、修正（modify）、責任（responsibility）			・生態系中心（eco-system-centric） ・関係性（connect） ・再構築（re-design） ・フィードバック（circular feedback） ・鼓舞（inspire） ・賞賛（celebrate）	

出典：SANZ, 2009, *Strong Sustainability for New Zealand.*

第12章　自己変容と社会変容の学びの連関

　ESDの「新しい学習の柱：自己変容と社会変容の学びの連関」からも読み取れるように、「個人変容の学び」と「社会変容の学び」は別個に取り扱うのではなく、地域における「協働」を通した、「自己変容と社会変容の学びの連関」が重要なのである。その際、本章で取り上げた、地域課題の解決に向けて参加と対話、意志決定の場として機能する「協働ガバナンス」（集団的、組織的、市民的な協働を構造化）と、個人・組織・市民自身の自己教育過程としての「社会的学習」（個人、集団的な学習を構造化）は、原子の言う、①道具的メンタリティ（措定された目的・目標を所与のものとして受け取り、いかにして効率よく効果的にその目標を達成するかを考慮して知識を応用する、という特徴を有しているもの）と、②反省的メンタリティ（自明の理とされていること、たとえば信念、価値観、生活様式化した行為、社会構造など、とその社会・文化・歴史的文脈に目を向けて分析し、それがどのような前提のもとに成立しているかを解明し、創造力を働かせてそれに変わるものを探求する心構えという特徴を有しているもの）の両側面を有する環境教育として、今後、重要なキーワードになるものと考える[30]。

　つまり、地域における「協働」は、直面する地域課題の解決に向けて異質なアクターの参画により集団的、組織的、市民的に取組む「道具的メンタリティ」（課題解決のための協働ガバナンス）を有する一方で、地域の不確実性、不確かな条件下において、「協働」を通して共創的な地域づくりをしていくという探求プロセスをスパイラル状にした個人・組織・市民自身の自己教育過程としての「反省的メンタリティ」（探求プロセスとしての社会的学習）も有するものであると言えよう。

　DESD進捗報告書（2009年）では、今後、不定型教育（NFE）と非定型教育（IFE）の充実を今後の課題としているが、鈴木は、これらの課題を踏まえて、「構造化する実践」としての不定型教育（NFE）の重要性を強調している。持続可能で包容的な地域づくりを支えるのは、個人・集団的な「学習」を構造づける「社会的学習」と、集団的・組織的・市民的な「協働」を構造づける「協働ガバナンス」である。環境教育は、これまで取り扱ってきた個人の能力向上や主体形成の範疇を超え、多義性と能力結合に基づく「統合的な行動アプローチ」として、地域における「学習」を構造づける「社会的学習」と、「協働」

を構造づける「協働ガバナンス」を推進し、関連づける架け橋になることを願って止まない。

【注】
1) UNESCO, 2005, *United Nations Decade of ESD (2005-14) International Implementation Scheme*, UNESCO, Paris, France.
2) 鈴木敏正・佐藤真久 2012「『外部のない時代』における環境教育と開発教育の実践的統一にむけた理論的考察──『持続可能で包容的な地域づくり教育（ESIC）』の提起」環境教育21（2）、3-14頁。
3) この点については、山西優二ほか編 2008『地域から描くこれからの開発教育』新評論社、を参照されたい。
4) 鈴木・佐藤・前掲書（注2）。
5) この点については、清水修二ほか編 2008『あすの地域論』八朔社、を参照されたい。
6) 宮本憲一 2007『環境経済学（新版）』岩波書店。
7) 宮本・前掲書（注6）。
8) なお、DESD前半期に関する考察は、佐藤真久 2011「国連ESDの10年（DESD）のもとでのESDの国際的動向──その課題と展望、グローバル化時代における持続可能な包摂型社会の構築にむけて」環境研究No.163、日立環境財団、30-41頁、を参照されたい。
9) UNESCO, *supra* note 1.
10) UNESCO, 2012. Shaping the Education of Tomorrow, *2012 Report on the UN Decade of Education for Sustainable Development*, Abridged, UNESCO, Paris, France.
11) 永田佳之 2014「グローバル化時代に求められる教育とは──＜他者を変える教育＞から＜自己が変わり、社会が変わる学習＞へ」信濃教育1526、1-12頁。
12) UNESCO, *supra* note 10.
13) D. Tilbury, V. Coleman and D. Garlick, 2005, *A National Review of Environmental Education and its Contribution to Sustainability in Australia: School Education.* Canberra: Australian Government Department of the Environment and Heritage and Australian Research Institute in Education for Sustainability (ARIES).
14) Matha. C.Nussbaum, 2000, *Women and Human Development, the Capability Approach*, Cambridge University Press（マーサ・C・ヌスバウム 2005『女性と人間開発』池本幸生ほか訳、岩波書店）。
15) 環境省 2012「環境の保全のための意欲の増進及び環境教育の推進に関する法律の一部を改正する法律要綱」。
16) 原田晃樹ほか編 2010『NPO再構築への道──パートナーシップを支える仕組み』勁草書房。
17) 清水ほか編・前掲書（注5）。

18) 佐藤真久・島岡未来子 2014「協働における中間支援機能モデル構築にむけた理論的考察」日本環境教育学会関東支部年報 8 、 1‐6 頁。
19) C. Ansell, and A. Gash, 2008, "Collaborative Governance in Theory and Practice," *Journal of Public Administration Research and Theory*, 18（4）, pp.543-571.
20) R. G. Havelock and S. Zlotolow, 1995, *The Change Agent's Guide*（2 nd edition）, Education Technology Publications, Inc.
21) この点については、佐藤真久 2015「最終報告書［協働ガバナンスの事例分析］と［社会的学習の理論的考察］に焦点を置いて」最終報告書、平成26年度：環境省地域活性化に向けた協働取組の加速化事業、を参照されたい。
22) 清水ほか編・前掲書（注 5 ）。
23) 鈴木敏正 1998『地域づくり教育の誕生』北海道大学図書刊行会。
24) R. J. Didham and R. Ofei-Manu, 2015, "Social Learning for Sustainability: Advancing community-based inquiry and collaborative learning for sustainable lifestyles," in V. W. Thoresen, R.J.Didham, J. Klein and D. Doyle (eds.), *Responsible Living: Concepts, education and future perspectives*, Springer, pp.233-252.
25) D. Wildemeersch, 2009, "Social learning revisited: lesson learned from North and South," in A. E. J. Wals (ed.), *Social Learning: Towards a sustainable world* Wageningen Academic Publisher, pp.99-116.
26) C. Pahl-Wostl and M. Hare, 2004, "Process of Social Learning in Integrated Resources Management," *Journal of Community & Applied Social Psychology*, 14, pp.193-206.
27) 鈴木・佐藤・前掲書（注 2 ）。
28) 鈴木敏正 2014「環境教育と開発教育の実践的統一にむけて」鈴木敏正ほか編著『環境教育と開発教育——実践的統一にむけた展望：ポスト2015の ESD へ』筑波書房、9‐28頁。
29) SANZ, 2009, Strong Sustainability for New Zealand.
30) この点については、原子栄一郎 2010「環境教育というアイディアに基づいて環境教育の学問の場を開く」環境教育19（3）、88-101頁、を参照されたい。

第13章 生きる環境教育学
――深化し越境し変貌する可能性を求めて

今村　光章

1 環境教育における反省的省察の可能性

(1) 人間として「生きるということ」に活かされる環境教育学

　本章のタイトルにはふたつの意味が込められている。第一に、環境教育学は、人間が「生きること」に活かされるという意味、第二に、教育実践に活かされるという意味である。第二の意味は章末にごく簡単に触れるだけにして、主として第一の意味について概説しておこう。

　環境教育においては、消費生活やライフスタイルの変換が必要であると言われる。一人ひとりの人間が、幼少期から高齢者に至るまで一生涯にわたって、具体的にどのような暮らしをするのかを考え直し、環境に配慮した暮らしに改善することが環境教育の名のもとに求められている。だが、それだけではない。その暮らしの底流にある人間観や人生観、幸福観、総じて言えば、人間としての生き方の哲学を変容させることも求められている。したがって、そうした哲学に密接不可分に深く関与するのが環境教育学の本質である。

　環境問題を全面的に解決して持続可能な社会を構築するためには、現代社会の生産活動を縮減するとともに、自然の循環のなかで資源が再生される程度にまで消費も縮減しなくてはなるまい。他方、人口増加と人口集中を食い止め、科学技術と経済の発展を緩やかにするか定常状態にすることも想定しなければならない。そう結論づければ、短絡的で飛躍した論理だと批判されるだろう。確かに、そこまで劇的な変化は必要ないのかもしれない。だが、環境問題に真摯に向き合えば、少なからず変貌する社会共同体において、一人ひとりの人間

に「どのように生きるか」が問われることは間違いあるまい。その生きかたの問いに応えるのが環境教育学の役割である。それゆえに、持続可能な社会をつくる手段、並びに、上記の問いに応えるための技術だけが環境教育学なのではない。

　かつてハイデッガーは、「技術とは何であるか」という問いの解答として、ふたつの陳述があると述べた。そのひとつは、技術は目的のための「手段（Mittel）」であり、もうひとつは、技術は人間の「行為（Tun）」であると言う。そして、技術についてのこれらふたつの規定は相互に密接にかかわりあっているとも言う[1]。人間は目的を設定し、そのための手段として技術を利用する。だが、「技術」の行使は人間の「行為」そのものでもあるというのだ。この指摘を手がかりに考察を深めてみよう。

　環境教育は環境問題を解決するという目的実現のための手段であり技術である。反面、前世代が後世代に対して、環境について教えることは目的遂行のための綿密な手段でも厳密な計画でもない人間の「行為」、すなわち生活の営みでもあったし、今なおそうである。古来より洋の東西を問わず繰り広げられてきたのは、与えられた環境とともに生きる「行為」を教え学ぶこと、模倣することであったことを想起すべきだろう。

　近代学校公教育システムが成立する以前には、社会共同体のなかで年長者が年少者へ自然や環境との関係を語り継いできた。とりわけ、身近な環境と密接にかかわり合い共存する知恵や生の技法は、前世代から後世代へと綿々と受け継がれてきた。年長者は模範を示すだけで年少者は模倣するだけであったかもしれず、「教える＝学ぶ」という意識はなかったかもしれない。だが、環境との付き合い方を教えることは、かつては人間共同体の自然な「行為」であった。しかも、そうした「行為」の底流には生き方の哲学が存在していた。

　以上のことを想起すれば、次のような問いにも出会うことになる。人間と環境との関係がこれまでどのようなものであったのか。これから、どのように関係を切り結ぶべきなのか。その付き合い方を人間はどのように前世代から後世代へと語り受け継いでいくべきなのか。それらの広い問いを念頭に置くならば、技術や手段としての環境教育にのみ傾倒しすぎるべきではないと考えるの

が自然である。つまり、環境教育学は、人間存在にとって環境がいかなる意味を持ちうるかという問いを探求し続けなければならない。

現代社会においては、一方では倫理性や責任性が問われることなく科学技術が際限なく利用され、他方では発展の限界性や人間疎外に無自覚なまま経済社会の欲望が無限に自己増殖されている。このような常軌を逸したかのように見える環境のなかで、人間が本当に人間らしく生きることに環境教育学はどのように貢献できるのかを射程に入れなければならない。総じて、環境教育学は、人間として「生きること」に活かされなければなるまい。

(2) 環境教育での「生き方」を振り返る試みの必要性

人間として「生きるということ」は、テーマが大きすぎるためここでは論じきれない。だが、限定的に私自身がどのように環境教育と向き合ってきたのかを語ることはできる。「生き方」そのものではないが、環境教育と共に生きた生き方、つまり、自らの環境教育実践と研究を振り返ることで、環境教育学のパラダイムを概観しながら、今後の方向性を模索してみたい。

お気づきのように、この振り返りの試みは、ショーンが1983年から提唱している教師や医師などの専門家の「反省的実践家（reflective practitioner）」モデルに影響を受けている。[2] このモデルは、佐藤学や秋田喜代美らが日本に紹介しており、教師教育モデルとして定着しつつある。旧来の「技術的合理性」を基礎とする「技術的熟練者」とは異なり、「活動過程における省察」を基礎とする「反省的実践家」は、専門家が自身の活動を「省察」する点が特徴的であり、その「省察」から専門家としての成長・発展を目指す。佐藤によれば、「反省的実践家」としての教師は、「教師の専門的力量を、教育の問題状況に主体的に関与して子どもと生きた関係を切り結び、省察と熟考によって問題を表象し解決策を選択し判断する実践的な見識に求める考えを基礎としている」という。[3] そこで、本章では、私自身の教育・研究活動の「省察」を試みることで、自分自身の成長を目指してみたい。

実は、このような試みは初めてではない。環境教育の領域において、大学教員としての「活動過程における省察」のみならず、研究者としての「省察」を

第13章　生きる環境教育学

初めて遂行した「反省的実践家」は原子栄一郎である。1999年に、環境教育の「教科書」である『環境問題を学ぶ人のために』のなかで、原子は自らの環境教育実践を語っている[4]。その後、原子は毎年のように日本環境教育学会の年次大会で自らの環境教育観を語るようになった。また、実践を振り返る論文も執筆している[5]。詳細には立ち入らないが、原子は1980年代は「環境教育とは何か」、1990年代には「環境教育とは一体何か」、21世紀以降には「環境教育とは本当は何か」という問いを順にたて、環境教育への洞察を深めている[6]。

　原子は、実証主義的な世界観に立って研究を始め、解釈主義的な世界観を経て、現在は、「『はじめに神が天と地を創造した』という聖書に証されているキリスト教的な有神論的世界観とパラダイムに立って環境教育を研究したい[7]」としている。こうした反省的省察を試みる一方で、原子は日本環境教育学会と英語圏環境教育界の研究を比較考量して、前者の全体的な枠組みが環境教育政策学であること、後者のそれが環境教育のパラダイム論であることを明らかにした。つまり、一方では情熱的かつ主観的に自身の環境教育観を語りながら、他方では冷静にパラダイムの分析も行っている。第1章で触れたように、鈴木善次も『環境教育学原論』で、情熱的に自らの研究史を振り返る一方で、冷静沈着に環境教育学について言及している。両者ともその調和が見事である。

　では、原子や鈴木にならうなら、私はどのように振り返るのか。環境教育のパラダイムのまとめについては、すでに第1章で触れておいたので繰り返さない。そこで、本章では私の環境教育研究史の変遷を振り返ることで、環境教育学のあり方を考える手がかりとしてみよう。

2　私の環境教育研究史の反省

(1) 規範主義的環境教育論から社会批判的環境教育論へ

　1985年から1990年頃まで、大学生だった私は、単純に「○○教育は○○問題の解決の万能薬」であると受け止め、地球環境問題を消費者問題と把握し、環境問題解決のための消費者教育の研究に取り組んだ。質・量ともに消費の自発的制限を促す消費者教育をすれば環境問題が解決できると考えた。加えて「消

費倫理」なるものを確立し、それを規範主義的に子どもたちに教えればよいと考えていた時期があった。誠にお恥ずかしい限りである。

　1990年から1996年までの大学院生時代の主たる関心は消費者教育から環境教育へ移った。現在もそうだが、学問的な基盤は教育学であった。教育学の立場から見れば、環境教育とは、環境問題が深刻化・広域化・不可逆化する過程よりも、計画された望ましい人間と社会の変化（ないしは無変化）の過程を求めるからこそ成立する実践的行為であると捉えられた。そして、教育学の基盤にある価値志向的変化の希求を環境教育にも反映させようと躍起になっていた。

　次に、教育学の立場から環境教育にアプローチするためには、教育目的論を扱う必要性があると考え、第１章でも触れたフロムの「ある存在様式」に関する教育哲学的研究に着手した。「持つ存在様式」が優位な社会的性格ではなく「ある存在様式」が優位な社会的性格の形成が可能になれば、人々が、豊かで便利で快適な暮らしを求めなくなり、他者や自然とともに生きることに目覚め、結果として社会変革が可能であると夢想した。[8]

　だが、意図的計画的に「ある存在様式」が優位な社会的性格を形成することは困難で、簡単に社会変革ができるわけではない。それというのも、大人たちばかりではなく子どもたちも、現代の経済優先の自由主義社会のなかで、学校以外の複雑なメディア環境を生き延びながら自らの生き方を自己決定しているからである。仮に「ある存在様式」を刷り込むような環境教育を学校教育において展開しても、「持つ存在様式」が支配的な社会のなかでは微力に過ぎて実効性はあがらないと推察した。また、「ある存在様式」が優位な社会的性格を有する人間が増えたからと言って、すぐに環境に配慮した社会が登場するわけでもない。確かに、教育学の立場から環境教育の教育目的論を研究し追求するのはひとつの環境教育論にはなる。ところが、フロムの社会的性格論を流用して人格形成の方向性を定めても、教育方法と社会変革の方法が構築されない限り、持続可能な社会への変革はほとんど不可能に近いだろうと予想した。

　研究者になりたての1996年から2005年頃までは、私はアメリカの批判的環境教育学者バワーズ（C. A. Bowers:1935-）の文化批判的環境教育に傾倒した。学校教育システムとそこで教えられる価値観、生活様式などの文化が、持続不可

能な産業社会をつくり上げているというバワーズの視点は新鮮だった。

　折よく、1998年に原子栄一郎は、「環境教育という言葉は、たんに問題解決の手段としての教育を指すだけでなく（中略）、教育と呼ばれてきた事象に対して根本的な異議申し立てを表明したもの」であると主張していた。原子がいう「異議を唱えられている教育」とは、18世紀末以来の「近代化」を支えてきた教育である。環境教育が近代学校教育に対する異議申し立ての視点を有しているという指摘も、当時の私の目には斬新なものに映った。2001年にはフィエンの『環境のための教育』が翻訳・刊行され、環境教育が近代社会批判と近代学校教育批判の性質を持つことがより明白になった。その後、現在に至るまで、近代的な産業社会と科学的な実証主義、およびそれと一体となった学校教育に対する批判的な議論にはかなりの蓄積がある。この時期に、バワーズと原子とフィエンの論考を受けて、社会批判的環境教育と文化批判的環境教育について、以下のように考えていた。

　学校教育システムは現代産業社会システムとその文化のサブシステムであり、その究極的目的は母体となる現行のシステムの維持である。それゆえに環境教育が、学校教育システムや社会システムまで飲み込んで変革するということは期待できない。学校における環境教育はダブルバインド状況に陥り、維持も変革もできなくなる。一方、近代社会における経済優先の社会目的と目的合理性が破綻し、機械論的自然観に問題があるからこそ環境問題が生じたはずである。それにもかかわらず、またもや同じ目的合理性と機械論的自然観を底流とする環境教育計画で問題解決を試みても、かえって問題を複雑化し深刻化させるだけである。──このように受け止めた。

　もちろん、批判的環境教育論（社会批判的かつ文化批判的環境教育論）の視点そのものは鋭く学ぶべき点が多い。だが、重要なことは、その批判を活かしていく方法論を発見できなかった点にある。批判的環境教育論を吸収しても、社会変革の現実的な手がかりが得られず、参照すべき環境教育における教育的価値論も見当たらなかった。規範主義的環境教育論から批判的環境教育論へと研究をすすめたつもりになっていたが、実は、私は行き場を失っていた。

(2) 教育学的範疇違反問題を乗り越えてプロセス中心的環境教育論へ

　もうひとつ、厄介なことに教育学的範疇違反ともいうべき課題と出会ってしまった。それについても触れておこう。

　ジックリングは、すでに1991年から「持続可能性に向けての教育」に対する批判的姿勢を鮮明にしていた。ジックリングは、「教育」とは批判的思考、主体的判断、知的行動といったことにかかわる能力の育成であると考え、子どもたちに批判的思考などを育てる教育さえ施せば、持続可能な社会が自然に実現するといった予定調和的で楽観的な教育観に立っていた。そもそも、「持続可能性のための教育」という教育目的を掲げること自体が認められないというのである。[12] 規範主義的環境教育論と批判的環境教育論の限界に出会ってしまっていた私は、この議論で再び激しく揺さぶられた。

　確かに、ジックリングの論に難点はある。批判はできる。だが、彼の指摘を受けて、私は、解決方法に関する社会的合意がなされていない環境問題に対して、教育学が独自に処方箋を出して取り組むのは、教育学の範疇違反ではないのかと疑いはじめた。すなわち、教育によって社会変革をすることが困難であるばかりか、そのように教育の可能性を過大視して教育目的を設定すること自体が、教育学の範疇をはるかに越境しているのではないかと疑った。

　そこで、問題設定をずらすことで、それを超克しようと試みた。つまり、市民が主体的かつ批判的態度で、民主的かつ正当な手続きを経て持続可能な社会を構築するという教育目的を再設定する社会的合意のプロセスをつくるための準備をする「環境教育」なら、その批判を乗り越えることができると考えた。

　振り返ってみれば、学校教育システムのなかには、真の検討や批判がなされないまま、また社会的な合意もないまま、ある特定の教育的価値がそれと明確に認識されずに組み込まれている場合がある。そうした教育的価値が持続可能性な社会の実現を阻む要因となっていることがある。それゆえに、従来の持続不可能な社会を再生産する教育的価値を手放し、持続可能な社会を構築するための新しい教育目的を設定するプロセスが新たな「環境教育」になると予想した。

　すでに見たように、批判的環境教育論には社会変革を具現化する方法論が欠

落していた。その欠点と範疇違反という批判を乗り越える論理を立てるなら、環境教育の妥当性を保障する手続きと民主的な教育目的の再設定というプロセスを経るほかない。換言すれば、環境教育に関する教育目的再設定のプロセス——つまり、環境問題の解決方法と解決方法の手段としての環境教育の両者に関する社会的合意形成の過程——が、「環境教育」の過程であるという論理で環境教育の存在意義が認められる。持続可能な社会を構築するという教育目的を再設定するプロセスに関与するプロセス中心主義環境教育とでも称する教育を環境教育と考えることで、私は自分が抱いた疑問を打ち消そうとした。

(3) コミュニケーション的環境教育から学校教育の再評価へ

環境教育とは、環境教育の教育目的設定に関するプロセスそのものであるという「まやかし」のような到達点を踏まえ、私が次に向かったのはコミュニケーション的環境教育（合意形成的ないしは意思疎通的環境教育）である。手がかりにしたのは、ドイツの環境教育学者デ・ハーン（G de.Haan：1951-）の枠組みである。ワークショップでの対話を中心にした市民性育成につながるコミュニケーション的環境教育ならば、この教育目的再設定のプロセスが完遂できる可能性が認められたためである。また、デ・ハーンはかつて現代文化に対する「反省的方向性」を包摂する環境教育論も展開していた。その点も踏まえるなら、ハーバーマス的な対話的理性を有する市民性育成、および、ともに生きることを通じて人間と人間の関係性の再構築を目指した彼の環境教育論には確かに一定の魅力がある。[13]

だが、デ・ハーンが主張するように、その可能性を過信することはできない。彼が喝破した通り、参加体験型の環境教育や環境学習のワークショップに参加する人々の科学的・社会的知識には、すでにバイアスがあり、共有されるデータに限界がある。ファシリテーターが偏向している場合もある。それゆえ、誤った解決法に結びついて環境問題解決の抜本的対策にはならず、限界があり学校教育にもなじまないからである。

しかしながら、市民がコミュニケーションの過程と合意形成を経て、政治的な手法をとりながら環境教育の教育目的を設定し、環境問題の教育政策的な解

決方法を練り上げて、環境教育を実践するというプロセスは重要である。コミュニケーション的環境教育はプロセス中心的環境教育を推進する手続きである。

そこで、あくまで思考実験として、プロセス中心的環境教育を実践する手続きを想定してみた。そうすると以下のようなことが考えられた。

まず、環境問題の原因を科学的かつ社会科学的に認識し実証的データを読み解き、環境対策に関する社会的政治的な仕組みを学ばなくてはなるまい。高い知的能力と理解力が必須である。また、批判的思考力を有し他者とコミュニケーションできる能力と態度を持った人間を育成することが肝要となる。社会性や協調性、道徳性を有する人間形成も重要である。さらに、政治参加・社会参加する市民を育てなければなるまい。加えて、従来とは全く異なった新しい持続可能な社会で自分らしく人間的に生きることについて自己決定しなければならない。簡潔に言えば、学力と対人関係能力と生き方の哲学を持った人間を育成することが重要ということになる。

その結果、なんとごく平凡で陳腐な結論に落ち着いた。——要するに、現在の学校教育で行われている内容を充実させればよいのだと考えるようになったのである。何のことはない。一周りしたけれども、現在の学校教育の再評価に逢着してしまった。要するに、①規範主義的環境教育から、②社会批判的環境教育・文化批判的環境教育を経て、③教育学的範疇違反問題を乗り越え、④コミュニケーション的環境教育と⑤プロセス中心主義的環境教育を一周りしてきた結果、⑥現在の学校教育を充実させればよいという見解に落ち着いた。だが、だからと言って付け加える点がないというわけではない。一周りしたからこそ、現在の環境教育に追加すべき教育内容も垣間見える。

3　環境教育学の新たなる境界域

(1)　臨床の環境教育人間学の境界域へと環境教育を押し広げる

これまでの環境教育のなかに、新たに付け加えるとすれば、それは何か。前節の私の環境教育研究史の反省を踏まえて、今、どのような方向性を模索して

いるのか。それについても言及しておこう。

　注目したいのは企図化されていない生命性あふれる環境教育の営みである。その営みのなかに持続可能性な社会を実現する「教え＝学び」の営みが隠されている。理念型環境教育は、1970年以降に、意図的に計画として構想されるようになった。だが、それ以前にも以後にも、環境にかかわる「教えと学び」が存在し、それが自然と受け継がれてきている。人間の生活のなかに埋没して見えにくくはなっているが、「既存型環境教育」とも称すべき環境教育が厳として存在する。その再認識と智慧の共有が環境教育の領域を飛躍的に拡大する。だからこそ、私は、森のようちえん研究や環境絵本の研究に取り組んできた。そこに環境教育人間学の地平が拓けていると確信したからである。

　そうした智慧の一例を掲げてみよう。インドネシアのスマトラ島沖大地震（2004年12月）での津波に対する人々の動きである。

　地震が起き急に潮が引いていったとき、茫然と海を眺めているだけの人もいた。津波が来ることを知らず、潮が引いたので沖の浅瀬のほうに喜んで魚を拾いに行った人々もいた。それとは逆に、潮が引いたので山に逃げていった人々もいた。魚を拾いに行った人の大半はいのちを落とし、山に向かった人々は津波に飲まれることなく助かった。山に逃げた人々は、「潮が大きく引けば山に向かいなさい」という昔からの言い伝えを知っていて、それを忠実に守ったのである。こうしていのちの連鎖は保たれた。

　親から子へ子から孫へと家庭で言い伝えられてきた教えや、共同体のなかで暗黙の知となっているような智慧は、教科書に書かれているわけでも学校で教えられるわけでもない。だが、そうした智慧を身につけ生き延びた人もいる。守れる個体はごく一部であっても、ゾーエ的生命（霊的生命）を守る「教え＝学び」が存在する。そして救えるいのちもある。どの程度かはわからないが、全滅はしなくても済む。

　持続可能な社会を実現するための環境教育という出発点から始めなくても、人間が長い歴史のなかでつくり上げてきた自然との付き合い方を、世代を超えて伝達する役割が教育にある。たとえわずかの人間しか助からなくても、「潮が引いたら山へ」といった「教え＝学び」の営みは続けなければなるまい。そ

の使命感は、持続可能な社会を実現する学校教育の関係者らのアタマではなくこころに響いてくるのではないか。あるいは、教育関係者以外の人々のこころにも響くのではないだろうか。

要するに、前近代的な文化のなかで存在していたはずの「すでにある環境教育」を再発見し、失われつつある「教え＝学び」を再評価して、それを臨床の環境と教育にかかわる人間学——「臨床＜環境＝教育＞人間学」——として掘り起こすことで、教育学は環境教育に本格的に貢献できる。

(2) 環境教育の限界をめぐって

次に、環境教育学を構築する上でわきまえておかなければならないのは、理念型環境教育というプロジェクトの限界である。

実証科学をどれほど積み上げ、技術的に理想な環境教育システムを構築し、環境によい人間を形成しようとしても、自然それ自体のほうが、人間がつくり上げた社会システムや教育システムより複雑である。自然は人間の計画学の概念を超えたところで予期せぬ多くの出来事を引き起こす。環境教育計画や環境計画で、機械論的観点から環境問題と自然の問題を解決しようとする態度は、時として自然の側からとんでもないしっぺ返しを受ける可能性は払拭できない。

環境改善の実効性にかかわる問題はまた、教育における科学合理主義と機械論的自然観にも問題を提起する。現代の環境教育を技術的に制度化して推進しようとすれば、実効性のある環境教育はいかにして可能かめぐって議論が交わされるはずだ。環境教育という問題解決型の教育の発生は、教育が合目的な思考および実証主義的な性質を根本にするからこそ生まれてきたからだ。だが、皮肉なことに、その効果の測定と予測は困難である。したがって、技術や計画や制度としての環境教育学の理論の限界を十分にわきまえておく必要がある。

もとより、環境問題を解決する人間を計画的に形成すること自体が自然ではない過程である。今の環境教育で育てられた子どもたちが次世代につくり上げる社会システムが、どのようなものになるかは環境教育の教育者の予想を大きく外れることもある。もし、予定通りの持続可能性の高いと思われる文化や生

活様式ができあがるとしても、そのなかで人間が生き生きと生きていけるかどうかは不透明である。

　もっと踏み込んで言えば、教育それ自体が不可能な営みであり、限界があることを理解しなければならない。「環境教育は善い営みである。なぜなら環境教育は環境に善い人間をつくるからである」というトートロジーを可能にする原理への問いを、環境教育学が放置しておいてはいけない。ここには、三重の問いが張り巡らされている。まず、環境教育は善い営みなのか。そして、環境教育は環境に善い人間をつくることができるのか。そして最後に、そのような問いに対峙する上で、環境教育に自己言及する「土台」はどこにあるか、という問いである。これらの問いに立ち向かう立脚点が環境教育学である。

　ともあれ、人間形成のプロセスを統制し環境に配慮したかのようにつくり上げられることのできる人間と社会システムが、自然をコントロールできるという大袈裟な舞台装置から降りなければなるまい。少なくとも、その筋立てに熱狂すべきではない。冷静沈着に落ち着きを持って、世界（環境）と人間のかかわり方を規定するような環境教育の限界をわきまえる必要がある。

(3) 「環境」とは「人間がつくり出した身の回りの世界」

　日本語では、環境という玉虫色の用語が流通して迷宮に入り込みそうになる。ただし、環境という用語の語源と日本語への翻訳の過程については、すでに拙論で論じたので言及を避ける。環境をどう定義するかについては慎重に議論を尽くさなければならないが、ごく単純に言えば、環境とは「人間がつくり出した身の回りの世界」のことである。だが、それは単に物理的にそこに存立するのではない。環境とは、思想や哲学、生き方の原理、社会の存立機制と不可分な世界であり、原始の自然とは全く異なる。人間が自らの価値観と行動によって意図的積極的につくり上げた生活世界が環境なのであって、それは、地球や原生自然と言った意味での自然とは異なる。環境とは、人間が労働の結果や消費の目的として整備したり台無しにしたりした結果としての世界——つまり、環境問題が顕在化した事態も含む世界のことである。

　上記の「人間がつくり出した身の回りの世界」という意味において、環境と

は、科学技術とそれに伴う近代文明、技術の行使によって獲得した人間にとって都合のよい人為的ないしは人工的な「自然」の姿、近代文明を築き上げる途上で生起した地域的規模と地球規模の両方の意味での環境問題、それに不可分に結びついている開発、貧困、食糧、安全保障、平和、人権、ジェンダーなどの問題、ならびに、そのような近代社会で生きる人間の幸福観や人生観といった観念、経済発展が幸福で善いことであるというイデオロギー、そして、何よりも限定的な意味での経済発展の「持続可能性」問題や人類と人口の生態学的な維持可能性問題など、ありとあらゆる社会問題を含んでいる。したがって、環境に関する問題を解決するという場合、この人間がつくり出した多くの社会問題を解決することと密接につながる。

前著『環境教育学』の終章で井上有一とともに主張したことを繰り返しておこう。環境教育とは、環境問題だけを解決するための教育にとどまらない。通底する近現代の産業社会の社会問題を解決することと不可分につながっている。仮に環境問題を解決することを目的とする教育目的論で原初的な環境教育を定義づけたとしても、環境問題だけを解決する狭義の環境教育は存在し得ない。すべての社会問題は人間が創り出したという理由でつながっているのだから、環境問題を狭い領域のみに押しこめておくことはできない。逆に言えば、ひろく「近現代産業社会の内在的問題」をラディカルに解決しなければ、環境問題は解決しない。環境教育という領域を確立した時点で、すでに、環境教育は人間が創り出した多くの社会問題と通底する問題を総合的に解決する宿命を帯びていたと把握すべきである。

(4) 環境教育は ESD の可能性を胚胎していた

環境と並んで、持続可能性という用語や持続可能な発展、「持続可能な開発（発展）のための教育（ESD：Education for Sustainable Development）」「持続可能性のための教育（EfS：Education for Sustainability）」という用語も、十分に慎重に定義づけられなければ議論に齟齬をきたす。この点についても簡単に触れておこう。

まず、持続可能性については多くの定義があるが、大別すれば、現行の社会

第13章　生きる環境教育学

経済システムを維持し、同時にそのために科学技術と産業発展を維持しながら、社会を環境に配慮したものへと改善する修正主義的な持続可能性の概念と、現在の経済システムと産業主義、科学技術の発展を根本的に見直し、人間の生活の質と価値観を抜本的に変容させるような抜本的な改革主義的な持続可能性の概念がある。前者が ESD、後者が EfS の立場であるかのようにも見えるがそれほど単純ではない。ここでは深入りは避けるが、どちらにしても、社会批判的態度があったと看取できる。

　そのため、特段、ESD や EfS と称する必要はなく、前述したように環境という用語を極限にまで広く捉えれば、始源から環境教育には持続可能性問題の解決が含まれていると解釈できる。人間や資源、自然を含む世界に存在するもののすべてを経済的な目的のために役立つ手段（道具）とみなし、あくなき資源開発と利用、および技術開発を通じて、利便性と合理性を追い求める現代社会がはらむ問題はすべて、人間の哲学と行為の結果の問題、すなわち環境の問題だからである。

　日本においては、環境教育という教育実践を、環境問題解決のための教育と位置づけた時点で、今日話題にされている ESD や EfS の可能性を含んでいた。だが、発生時にはそれが認識されず、ようやくその全社会問題解決的な性質が露見してきた。環境教育は、その当初より ESD の可能性を胚胎していたのだ。この点は、本書の第 9 章で原田信之が述べているような ESD が主流となったドイツの状況とは異なっている。世界共通ではないことには留意したい。

　それゆえに、日本においては、「○○問題」という社会問題を解決するための「○○教育」――たとえば、開発教育や自然体験教育、自然保護教育、公害教育、国際理解教育、人権教育、平和教育、消費者教育、市民性教育、持続可能性教育、もちろん、ESD、EfS など――は、それぞれの学問的基盤と目的、歴史と特徴を有しており独自性を持っていて有意義であるが、環境教育という大きな「風呂敷概念」のなかに収めることができる。

　そのように考えれば、降旗信一が本書の第 3 章で指摘したような自然保護教育と環境教育との連続性・不連続性、ならびに、従来までの環境教育と今の

「ESDを包含した環境教育（ないしは環境教育の発展形としてのESD）」の連続性・不連続性、加えて、日本に特有の公害教育と環境教育との連続性・不連続性の問題がいくぶんかは解決する。本書の8章（130頁）で諏訪哲郎が述べているような「環境教育（ないし持続可能性の教育）」という「歯切れの悪い表現」も、すっきりと環境教育とすることで解決できる。当然、まだまだ議論の余地は多々ある。だが、環境教育学の名のもとに、環境教育隣接諸分野の「〇〇教育」のすべてを含む「風呂敷化した環境教育」概念が共通認識として通用すれば、それが総じて発展することが期待できる。そしてそれが日本型の環境教育（学）の発展の可能性のひとつになる。

　そうなると、環境教育が環境教育でなくなってしまう境界線があいまいになる。境界線ではなく広大な境界領域となり、それが幅広くなる。だが、そのあいまいな境界領域の向こう側に何があるのを見定めておく必要があるという指摘が予想される。だが、産業社会と近代学校公教育が向こう側にあり、手前にあるのが「風呂敷化した環境教育」であるという単純な関係ではない。前述したように、現在の学校教育もプロセス中心主義環境教育の一部であり重要な役割を担っている。「風呂敷化した環境教育」はすべての教育であると言えるだろう。したがって、近代学校教育学の対極に環境教育学があるのではなく、その一部として、また、それを超えた部分を含んだかたちで環境教育学が位置づけられるのではないか。

4　教育実践に活きる環境教育学

　私見ながら、旧来より、教員免許状の取得を希望する大学生にとって、大学の授業で展開される教職科目としての教育学（一般に「教育原理」と称せられてきた科目）の講義には少なからず批判があるように看取できる。その代表的な批判のひとつが、大学教員が教壇で語るような教育学の講義は、実際の教育においてはあまり役に立たないのではないかというものである。実際、残念なことに、教育学や教育思想、教育哲学の授業が、文字通りの意味で直接的に教育実践に活きるとは期待されていないようだ。

しかしながら、教育の理念や定義、歴史や目的について、しっかり学ぶことは非常に重要なことであると認識されている。教育の営みを根底から深く考え直す科目であるからこそ、深いところで響き、長年の教職の根幹となる。現職の教員の悩みに真摯に向かい合うときの手がかりともなる。要するに、学問的な存在意義が広く認められているからこそ、「教職の意義等に関する科目」として、教員免許状を取得する上で教育学関係科目が必修科目とされている。

　しかも、現在の教員養成系の大学や教職課程を有する大学には、教育学を専門とする教員がいて、名称は様々であるがそうした教職科目のなかで、教育の理念や定義、歴史、目的論、方法論にわたって、きちんと体系化され網羅された形で講義がなされている。教育学の学問的基盤が形成され、制度化されているからこそ、授業が開講され、そこでの学びが保証されている。

　環境教育学も、こうした教職科目の教育学と同じような学問的性格を備え、若干の制度化が進む日が来ることを期待している。環境教育学は、「生きるということ」に活かされると同時に、環境教育実践の基盤となり、その営みを深く問い直す手がかりとなるような学問でなければなるまい。

【注】
1）　M. ハイデッガー 2009『技術とは何か』関口浩訳、平凡社、8頁。
2）　D. A. ショーン 2001『専門家の知識——反省的実践家は行為しながら考える』佐藤学・秋田喜代美訳、ゆるみ出版。
3）　佐藤学 1996『教育方法学』岩波書店、137頁。
4）　原子栄一郎 1999「「私」の環境教育観を探る」和田武編『環境問題を学ぶ人のために』世界思想社。
5）　原子栄一郎 2014「私の大学環境教育実践を振り返る——なぜ「フィールド環境教育学」をくだかけ生活舎で行うか？」東京学芸大学環境教育実践施設研究報告23、3-18頁。
6）　原子栄一郎 2013「環境教育研究のパラダイムあるいは世界観——私の環境教育研究の足跡を辿りながら」第5回志学会報告書、42-57頁。http://www.shigakukai.net/_src/sc342/91E6589F181408Eu8Aw89EF95F18D908F91.pdf#search='%E5%8E%9F%E5%AD%90%E6%A0%84%E4%B8%80%E9%83%8E+%E7%92%B0%E5%A2%83%E6%95%99%E8%82%B2+%EF%BC%B9%EF%BC%AD%EF%BC%A3%EF%BC%A1', last visited 13 December 2015.
7）　原子・前掲書（注6）、57頁。
8）　今村光章 1996「エーリッヒ・フロムを基底とした環境教育理念構築へのアプローチ」

京都大学教育学部紀要第41号、104-114頁。
9） この点については、次の文献を参照にされたい。今村光章ほか 2010「パワーズの環境教育論」環境教育19（3）、3-14頁。
10） 原子栄一郎 1998「持続可能性のための教育論」藤岡貞彦編『＜環境と開発＞の教育学』同時代社、92頁。
11） ジョン・フィエン 2001『環境のための教育』石川聡子ら訳、東信堂。
12） この点については、次の文献を参照にされたい。今村光章ほか 2003「Bob Jickling の『持続可能性に向けての教育（EfS）』批判」環境教育13（1）、22-30頁。
13） この点については、次の文献を参照にされたい。諸岡浩子・今村光章 2010「デ・ハーンの環境教育論の射程」環境教育19（3）、46-53頁。
14） この点については、田中智志 1999「言説としてのペダゴジー」田中智志編『ペダゴジーの誕生』多賀出版。田中智志 2003「自己言及する教育学」森重雄・田中智志編『＜近代教育＞の社会理論』勁草書房、を参照されたい。
15） 今村光章 2001「『環境教育』概念の検討——用語『環境』と『環境教育』の語義と由来をめぐって」環境教育10（2）、24-33頁。

お わ り に

　本書は、「環境教育学とは何か」という理念と定義の問題意識、並びに、「環境教育学とは何であることにしようか」という提案と合意の問題意識を共有できる環境教育研究者が集結して、環境教育学について論じた書物である。本書の各章を参考に、上記の二つの問いを共有できれば幸甚である。

　各章の執筆にあたっては、出版のための研究会合で議論を重ねた。このような出版を目指した「出版プロジェクト研究会方式」とも言うべき方法は、かつて『持続可能性に向けての環境教育』(昭和堂) と『環境教育学』(法律文化社) の刊行においても採用した。今回、環境教育学という幅広い学問の学理論形成や研究においては、研究者の交流が必要であり、深い議論の場が継続的に形成されることが重要であると考えた。そのため再びこの方式を採用した。

　編者としては、意見を交換するプロセスを充実させることで、環境教育学の構築にふさわしい書物が完成できるように配慮したつもりである。議論が十分であったとまでは言えないが、ある程度の議論ができた。多忙な研究と教育の時間を割いて研究会にお集まりくださり、玉稿を賜った執筆者の皆様にこころよりお礼申し上げたい。また、このような出版プロジェクトには、前著と同様に法律文化社の小西英央さんにもご参加いただき、多くの示唆をいただいた。小西さんにもこころよりお礼申し上げたい。

　ひとまず、環境教育学の基礎理論の確立にささやかながらも貢献できる書物をまとめあげたことをこもごも喜びとしたい。だが、環境教育学の学理論の構築をするためには、まだまだ遥かな道程が残されている。本書に対する批判的議論を含め、今後、環境教育学に関する議論が深まることをこころから願いたい。

編　者

索　引

あ行

IPCC　70, 72
アクティブ・ラーニング　121, 124, 128, 129
阿部治　74, 81, 104
安藤聡彦　34-36, 41, 46, 48, 53, 165, 166, 168-170, 172, 173, 175
アントレプレナー（起業家）　136, 151
ESD　35, 68, 71-73, 75, 78, 81, 130, 132-135, 138, 140-143, 145, 146, 162, 181-185, 189, 190, 208-210
ESIC　191
イタイイタイ病　51
伊東静一　37, 38, 40
岩田好宏　ii, 164, 165, 167
インシデンタル・ラーニング　30
エコ教育学　135
STS教育　103
NGOオルタナティブ条約　28, 152
NPO　151
エネルギー問題　88
エプロン・ダイアグラム　23, 24
OECD　92, 97, 126, 133
小川潔　37-40
尾関周二　42-45
オルタナティブ開発（論）　78, 80, 82
オルタナティブ条約　28, 29

か行

カーソン，レイチェル　103
開発教育　68, 73, 77, 182, 209
鹿児島環境学　166, 167, 172
環境教育指導資料　167
環境教育等促進法　187
環境教育人間学　31, 204, 205
環境思想　22
環境哲学　22
環境と開発に関する国際連合会議（地球サミット）　28, 152
環境リテラシー　124
環境倫理（学）　13, 22, 76, 77
協同的プロジェクト学習　128
グローバリゼーション（グローバル化）　4, 115, 181
グローバル・グリーンズ　21
原子力（発電所）・原発　25, 27, 28, 61, 62, 65, 75, 124
原子力研究の三原則　25
原子力発電　13
公害（教育）　7, 34-36, 41, 42, 46, 51, 53, 56-58, 60, 62-64, 79, 149, 167, 169, 172, 209
国連人間環境会議　48, 182
コンピテンシー　93, 116, 122-125, 133, 138-140, 145

さ行

佐藤学　9, 10, 198
ジェンダー（教育）　74, 75
自然学校　154, 156-158
自然体験（教育）　40, 101, 102, 106, 154, 156, 209
自然体験活動　101
自然保護（教育）　7, 28, 34, 36, 38-40, 42, 47, 167, 209
持続可能性　115, 121, 190
持続可能な発展　182
ジックリング，B.　12, 202
下泉重吉　37, 38

社会教育　170
ショーン，ドナルド　9, 198
人権（教育）　74, 75, 209
新自由主義　78, 79
ジンメル，ゲオルク　63
鈴木善次　ii, 5, 7, 40, 167, 199
ステイクホルダー　60, 145, 158, 190
ストックホルム宣言　133
生活科　127
生態学　88
生物多様性　82, 158
センス・オブ・ワンダー　103, 104
総合的な学習の時間　127
ソベル，デイヴィド　104
存在の豊かさ　17, 28-31, 153

た 行

太陽光発電　124
田中裕一　66
地域環境学　166
地球温暖化　30, 70
デ・ハーン，G.　12, 135, 136, 203
DESD　126, 181, 184, 193
ディープ・エコロジー（運動）　18-20, 23, 26, 27
テサロニキ会議　121
テサロニキ宣言　17, 18, 30, 74, 182
トビリシ会議　133

な 行

中西悟堂　37
日本環境教育学会　ii, 1, 2, 5, 7, 8, 19, 34, 40, 46, 47, 117-119
沼田眞　39, 57
ネス，アルネ　19, 20, 23, 26, 27, 30
野村康　6, 19

は 行

ハーバマス，J.　44, 203
廃棄物　88
ハイデッガー，M.　197
原子栄一郎　14, 193, 199, 201
バワーズ，C. A.　12, 200, 201
反省的実践家（者）　99, 198
ハンブルグ宣言　74
PISA（調査）　123, 126, 133, 138, 147
PBL　86, 92, 162
東日本大震災　61, 75
貧　困　28, 68, 69, 73, 74
フィエン，J.　12, 109, 201
風力発電　132
福島達夫　66
藤岡貞彦　66
プラットフォーム　6, 17-23, 25, 26, 28-30, 47
ブルントラント委員会　182
ブルントラント委員会報告　81
フロム，E.　13, 31, 200
平和教育　76, 209
ヘルバルト　146
放射線（教育）　61-63, 65
ボン宣言　183

ま 行

学びの共同体　108
マルクス，K.　44, 45
三谷高史　6
みどりの人々　26
水俣病　51, 59
宮原誠一　170, 172
宮本憲一　183
ミレニアム開発目標（MDGs）　68, 70, 72

や 行

ユネスコ　12, 142
ヨハネスブルグ・サミット　79, 117, 121
四大公害　59

ら 行

ラトゥーシュ，セルジュ　80

わ 行

ワークショップ　128, 129, 203

【執筆者紹介】
①所属、②専門分野、③主要著作　の順に掲載。執筆順

今村　光章（いまむら　みつゆき）　　　　　　　編者　第1章　第13章
①岐阜大学教育学部教授
②教育学　環境教育
③『環境教育学』（共編著：法律文化社）、『環境教育という＜壁＞』（単著：昭和堂）、『アイスブレイク』（単著：晶文堂）、『アイスブレイク入門』（単著：解放出版社）、『環境教育への招待』（共編著：ミネルヴァ書房）

井上　有一（いのうえ　ゆういち）　　　　　　　　　　　　　　第2章
①元京都精華大学教授
②環境教育　環境思想
③『ディープ・エコロジー』（共編著・監訳：昭和堂）、『環境倫理学』（共著：東京大学出版会）、『環境教育学』（共編著：法律文化社）、『持続可能性に向けての環境教育』（共著：昭和堂）、『岩波講座哲学08　生命／環境の哲学』（共著：岩波書店）

降旗　信一（ふりはた　しんいち）　　　　　　　　　　　　　　第3章
①東京農工大学農学部准教授
②環境教育　教師教育
③『現代自然体験学習の成立と発展』（単著：風間書房）、『ESD（持続可能な開発のための教育）と自然体験学習』（単著：風間書房）、『現代環境教育入門』（共編著：筑波書房）、『自然体験学習論』（共編著：高文堂出版社）、『持続可能な未来のための教職論』（共編著：学文社）

高橋　正弘（たかはし　まさひろ）　　　　　　　　　　　　　　第4章
①大正大学人間学部教授
②環境教育　意識啓発
③『環境教育政策の制度化研究』（単著：風間書房）、『現代環境教育入門』（共編著：筑波書房）、『環境教育とESD』（共著：東洋館出版社）、『環境教育辞典』（共著：教育出版）、『アジア太平洋地域のESD〈持続可能な開発のための教育〉の新展開』（共著：明石書店）

執筆者紹介

田中　治彦（たなか　はるひこ）　　　　　　　　　　　第5章
①上智大学総合人間科学部教授　（特活）開発教育協会理事
②社会教育　開発教育
③『国際協力と開発教育－「援助」の近未来を探る』（単著：明石書店）、『若者の居場所と参加』（編著：東洋館出版社）、『多文化共生社会におけるESD・市民教育』（編著：上智大学出版）、『ユースワーク・青少年教育の歴史』（単著：東洋館出版社）

荻原　彰（おぎはら　あきら）　　　　　　　　　　　　第6章
①三重大学教育学部教授
②理科教育　環境教育
③『アメリカの環境教育：歴史と現代的課題』（単著：学術出版会）、『自然と共同体に開かれた学び：もう一つの教育・もう一つの社会』（単著：鳥影社）、『高等教育とESD：持続可能な社会のための高等教育』（編著：大学教育出版）、『実験で実践する魅力ある理科教育：小中学校編』（編著：オーム社）、『持続可能な社会をつくる防災教育』（共著：協同出版）

飯沼　慶一（いいぬま　けいいち）　　　　　　　　　　第7章
①学習院大学文学部教育学科教授
②環境教育　生活科教育　理科教育
③『インタープリター・トレーニング』（共著：ナカニシヤ出版）、『学校環境教育論』（共著：筑波書房）『よくわかる環境教育』（共著：ミネルヴァ書房）、生活科教科書・指導書『みんななかよし』『なかよしひろがれ』（共著：教育出版）

諏訪　哲郎（すわ　てつお）　　　　　　　　　　　　　第8章
①学習院大学文学部教授　日本環境教育学会会長
②環境教育　文化地理学
③『持続可能性の教育』（共編著：教育出版）、『環境教育辞典』（編集：教育出版）、『沸騰する中国の教育改革』（編著：東方書店）、『加速化するアジアの教育改革』（編著：東方書店）

原田　信之（はらだ　のぶゆき）　　　　　　　　　　　第9章
①名古屋市立大学大学院教授　日本学校教育学会理事
②ドイツ教授学　生活科・総合的学習教育論
③『ドイツの統合教科カリキュラム改革』（単著：ミネルヴァ書房）、『ドイツの協同学習と汎用的能力の育成』（単著：あいり出版）、『総合的な学習の時間』（編著：ぎょうせ

い)、『確かな学力と豊かな学力』（編著：ミネルヴァ書房）、『ドイツ教授学へのメタ分析研究の受容』（共編著：デザインエッグ社）

西村　仁志（にしむら　ひとし）　　　　　　　　　　　　　第10章
①広島修道大学人間環境学部教授　環境共育事務所カラーズ代表
②環境教育　ソーシャル・イノベーション
③『ソーシャル・イノベーションとしての自然学校』（単著：みくに出版）、『ソーシャル・イノベーションが拓く世界』（編著：法律文化社）、『日本型環境教育の知恵』（共著：小学館クリエイティブ）、『インタープリター・トレーニング』（共著：ナカニシヤ出版）、『よくわかる環境教育』（共著：ミネルヴァ書房）

小栗　有子（おぐり　ゆうこ）　　　　　　　　　　　　　　第11章
①鹿児島大学かごしまCOCセンター社会貢献・生涯学習部門准教授
②社会教育　環境教育
③『鹿児島環境学Ⅰ』、『鹿児島環境学Ⅱ』、『鹿児島環境学Ⅲ』、『鹿児島環境学特別篇』（共著：南方新社）、『社会教育としてのESD』（共著：東洋館出版社）

佐藤　真久（さとう　まさひさ）　　　　　　　　　　　　　第12章
①東京都市大学環境学部教授
②環境教育　教育政策　国際教育協力
③『環境教育と開発教育』（共編著：筑波書房）、『持続可能な開発のための教育』（共編著：筑波書房）、『可持続消費教育研究』（共編著：中国環境出版社）、『持続可能な社会への教育』（共著：北海道教育大学）、『環境教育への招待』（共著：ミネルヴァ書房）

Horitsu Bunka Sha

環境教育学の基礎理論
――再評価と新機軸

2016年7月1日　初版第1刷発行

編　者　今　村　光　章
　　　　いま　むら　みつ　ゆき

発行者　田　靡　純　子

発行所　株式会社 法律文化社

〒603-8053
京都市北区上賀茂岩ヶ垣内町71
電話 075(791)7131　FAX 075(721)8400
http://www.hou-bun.com/

＊乱丁など不良本がありましたら、ご連絡ください。
　お取り替えいたします。

印刷：亜細亜印刷㈱／製本：㈱藤沢製本
装幀：白沢　正

ISBN 978-4-589-03783-1
Ⓒ2016　Mitsuyuki Imamura　Printed in Japan

JCOPY　〈(社)出版者著作権管理機構　委託出版物〉

本書の無断複写は著作権法上での例外を除き禁じられています。複写される
場合は、そのつど事前に、(社)出版者著作権管理機構(電話 03-3513-6969、
FAX 03-3513-6979、e-mail: info@jcopy.or.jp)の許諾を得てください。

井上有一・今村光章編
環境教育学
―社会的公正と存在の豊かさを求めて―
A5判・212頁・2700円

既存の〈環境教育〉の限界と課題を根源的に問い直すなかで、持続可能な社会への役割を考えれば、真に求められている環境教育学とは、「社会的公正」と「存在の豊かさ」という視座と社会変革志向が包含していることを提示する。

周 瑋生編
サステイナビリティ学入門
A5判・224頁・2600円

「サステイナビリティ」(持続可能性)の学問体系の構築と普及を試みた入門的概説書。地球環境の持続可能性という同時代的要請に応えるために、どのような政策が追究されるべきかを問う視座と具体的なアジェンダを提起する。

中西優美子編
EU環境法の最前線
―日本への示唆―
A5判・240頁・3200円

環境規制基準など世界をリードするEU環境法の最新の内容を紹介し、検討。環境影響評価／地球温暖化対策／動物福祉／生物多様性／海洋生物保護／GMO規制／原子力規制等を取りあげ、日本法との関係や影響を分析、示唆を得る。

竹内久顕編著
平和教育を問い直す
―次世代への批判的継承―
A5判・242頁・2400円

暴力化する現実世界と平和問題の射程が広がるにつれ、平和教育は時代と乖離し、存在意義が問われている。戦後日本の平和教育の蓄積を批判的・発展的に継承し、新たな理論と実践の創造的な再生を試みる。

広島市立大学広島平和研究所編
平和と安全保障を考える事典
A5判・710頁・3600円

被爆70年を経過したいま、日本は、そして世界はどれだけ平和となったのか？ 200名を超す研究者らが平和と安全保障に関する10分野の約1300語を解説し、平和研究のこれまでの到達点を示す。今後の研究のバイブルとして必携の書。

―法律文化社―
表示価格は本体(税別)価格です